U0253156

青少年
信息学奥赛

一本书通关信奥

顾 静 · 编著

清华大学出版社
北 京

内 容 简 介

本书面向初学者，系统介绍了全国青少年信息学奥林匹克竞赛（简称信奥）及相关比赛。全书分为四大部分：信奥高频疑问解答、信息学重要比赛汇总、信奥排名估分小程序、备考支招。本书结合作者的亲身经历，以及多年来陪伴孩子从初学信息学参加地区比赛，到多次参加省赛、国赛，最终进入信奥国家队的完整经历，对与信奥相关的内容做了系统介绍和分类整理。

本书适合对信奥感兴趣的家长、教练和选手阅读，希望可以让大家少走弯路，对信奥有更深刻的理解。

本书封面贴有清华大学出版社防伪标签，无标签者不得销售。

版权所有，侵权必究。举报：010–62782989，beiqinquan@tup.tsinghua.edu.cn。

图书在版编目（CIP）数据

青少年信息学奥赛：一本书通关信奥 / 顾静编著 . —北京：清华大学出版社，2023.6
ISBN 978-7-302-63777-6

Ⅰ.①青…　Ⅱ.①顾…　Ⅲ.①程序设计－青少年读物　Ⅳ.① TP311.1-49

中国国家版本馆 CIP 数据核字（2023）第 094749 号

责任编辑：白立军
封面设计：刘　乾
责任校对：韩天竹
责任印制：刘海龙

出版发行：清华大学出版社
　　　　　网　　　址：http://www.tup.com.cn, http://www.wqbook.com
　　　　　地　　　址：北京清华大学学研大厦 A 座　　　邮　　编：100084
　　　　　社 总 机：010-83470000　　　　　　　　　邮　　购：010-62786544
　　　　　投稿与读者服务：010-62776969, c-service@tup.tsinghua.edu.cn
　　　　　质量反馈：010-62772015, zhiliang@tup.tsinghua.edu.cn
　　　　　课件下载：http://www.tup.com.cn,010-83470236
印 装 者：三河市人民印务有限公司
经　　销：全国新华书店
开　　本：185mm×230mm　印　张：9.5　插　页：1　字　　数：116 千字
版　　次：2023 年 6 月第 1 版　　　　　　　　　　印　　次：2023 年 6 月第 1 次印刷
定　　价：40.00 元

产品编号：098935-01

自　序

我与信奥结缘超过 30 年，参加过两届省级竞赛（1992 年和 1993 年）。全国青少年信息学奥林匹克联赛（National Olympiad in Informatics in Provinces，NOIP）是从 1995 年开始正式举办的，所以那时的省级比赛应该算是 NOIP 的前身。

当时我校的计算机老师组织几个学生一起学编程，使用的语言是 BASIC。第一次看到我输入代码后计算机迅速做出反馈，帮助人类做事，心中不禁产生了强烈的震撼，仿佛找到了一把打开新世界大门的钥匙，成就感油然而生。

虽然两次比赛的成绩都不太理想，但是我对计算机的热情一直保持到现在。也正是缘于这种热情，在保送大学选专业时，虽然学校的其他专业更有名气，但是我还是坚持选择了计算机科学与技术专业。

在大学期间，我也和同学一起组队参加了 1997 年在上海举办的 ACM 国际大学生程序设计竞赛（ACM International Collegiate Programming Contest，ACM-ICPC）亚洲区域选拔赛，并获得了奖项。

大咩（我儿子的小名）上小学后，我见他对计算机表现出了很浓厚的兴趣，所以很早就让他接触了编程，让他学习用 LOGO 小海龟编程、给他讲解冒泡算法……由此开始，他对信奥非常痴迷。

因为大咩经常参加信奥比赛，所以我对信奥也特别关注，研究了基本上能找到的所有比赛。本书是我对这些比赛分析研究的总结，用四大专题分别介绍。同时，我还整理了多年参加比赛的心得体会，希望能给有兴趣参加信奥的学生与家长一些启发和思考。

作　者

2023 年 1 月

前　言

从大咩接触信息学以来，我最喜欢的事情就是搜集信奥竞赛信息，寻找适合孩子的竞赛。大咩也特别喜欢信奥，在每次竞赛时都特别兴奋且专注。

我也在陪伴孩子的过程中发现了自己对竞赛的极度热爱。赛前研究各种竞赛的相关信息，赛中如同自己参加比赛一样紧张激动，赛后看结果同样心潮澎湃。

与其他竞赛最大的不同之处是，很多信奥可以线上参加，且国内外每年有很多相关竞赛。

大咩每次参赛，我都会详细记录，且一直在更新博客，不知不觉就在博客上写了十多年，后转到微信公众号。

公众号虽然信息比较全，但是主要的问题是分散化，没有总结和整理，看起来很凌乱。而且每年官方的比赛很多，时间也交替进行，每年的规则都会有细微的变化，对于刚刚入门的孩子和家长来说，往往是毫无头绪的。

因此，结合大咩多年的参赛情况，我对各项赛事进行了整理和分类，希望感兴趣的学生和家长可以少走弯路，对信奥有更清晰、更直观的了解。

本书分四部分：第 1 部分（第 1~9 章）是信奥高频疑问解答，是对学习青少年信息学奥林匹克竞赛信奥过程中家长和选手提出的常见问题的详细解答；第 2 部分（第 10~13 章）是信息学重要比赛汇总，主要介绍信息学里比较重要的比赛；第 3 部分（第 14~16 章）是信奥排名估分小程序，主要介绍针对官方竞赛结果预估排名的估分小程序；第 4 部分（第 18~21 章）是备考支招，是对参加比赛选手的一些建议。

作　者

2023 年 1 月

目 录 ▶

第一部分

信奥高频疑问解答

第 ┃ 章 信奥是什么

第 1 问 信息学是什么？

信息学是一门新兴学科，研究对象是信息，包括信息的编码、传递、接收、处理和使用规律等，也称信息科学，旧称情报学。一般提到的信息学主要是指利用计算机编写代码来分析问题、解决问题的学问。

第 2 问 信奥是什么？

信奥的全称是全国青少年信息学奥林匹克竞赛，是在广大青少年中普及计算机教育，推广计算机应用的一项学科性竞赛活动。信奥是国际 5 大学科竞赛之一，每年都会举办面向中学生的最高水平的国际竞赛。它与数学、生物、物理、化学 4 个学科奥林匹克竞赛一起组成了最权威、最正规、最具含金量、最具历史底蕴、最国际化的 5 大学科竞赛。

国际信奥每年举办，中国会选拔最有竞争力的学生组成国家队，代表中国和世界上优秀的选手同场竞技。选手们需要运用睿智的思维能力、熟练的算法运用能力和创造性的程序设计能力分别解决 3 个较为复杂的计算机科学问题。

信奥最重要的官方赛事如下。

省级竞赛：CSP-J/S、NOIP。

全国竞赛：NOI、WC、CTS（近两年已停止）。

国际竞赛：IOI。

CSP-J/S 是指中国计算机学会（China Computer Federation，CCF）非专业级软件能力认证（Certified Software Professional Junior/Senior）。其创办于 2019 年，是由 CCF 统一组织的评价计算机非专业人士算法和编程能力的活动。在同一时间、不同地点，以各省市为单位，由 CCF 授权的省认证组织单位和总负责人组织。该认证采用全国统一大纲、统一认证题目，任何人均可报名参加。CSP-J/S 分两个级别，分别为 CSP-J（Junior，入门级）和 CSPS（Senior，提高级），两个级别难度不同，均涉及算法和编程。CSP-J/S 分第一轮和第二轮两个阶段。第一轮考查通用和实用的计算机科学知识，以笔试为主，部分省市以机试方式认证。第二轮为程序设计，须在计算机上调试完成。第一轮认证成绩优异者进入第二轮认证，第二轮认证结束后，CCF 将根据 CSP-J/S 各组的认证成绩和给定的分数线颁发认证证书。

NOIP 是指全国青少年信息学奥林匹克联赛。1995 年至今，该联赛每年由 CCF 统一组织。NOIP 在同一时间、不同地点，以各省市为单位，由特派员组织，采用全国统一大纲、统一试卷。初中、高中或其他中等职业学校的学生均可报名参加联赛。从 2020 年起，NOIP 每年 12 月举办，参加条件是 CSP-S 非零分或者 CCF 认可的指导教师推荐的选手。

NOIP 是参加 NOI 的必要条件，不参加 NOIP 将不具有参加 NOI 的资格。在自主招生时代，像浙江这样的信息学强省，进入省队就可以签约清华大学或北京大学。

NOI 是指全国青少年信息学奥林匹克竞赛（National Olympiad in Informatics），是我国省级代表队最高水平的大赛。每年 7 月，各省选拔产生 5 名 A 队选手（其中一名是女选手）和若干名 B 队选手，由 CCF 在计算机普及较好的城市组织比赛。这一竞赛记个人成绩和团体总分。像浙江这样的信息学强省，B 队最多有 11 名（中国计算机学会限制最多不超过 11 名）选手，该竞赛人员配备与成绩计算较复杂。

WC（也称 NOIWC）是指全国青少年信息学奥林匹克竞赛冬令营（National

Olympiadin Informatics Winter Camp）。其每年在寒假开展为期一周的培训活动，包括授课、讲座、讨论、测试等。参加 WC 的营员分为正式营员和非正式营员。获得 NOI 前 50 名的选手和指导教师为正式营员，非正式营员限量自愿报名参加。

2020 年之前的 WC 会从正式营员中选拔排名靠前的若干（12~30 名）选手组成国家预备队，但是 2020 年和 2021 年则直接从正式营员中选出 4 名选手组成国家队。WC 非正式营员（约三四百名）也会进行比赛，设置一、二、三等奖，同样是全国性的奖项，之前可以作为大学自主招生的门槛。

CTS 是指国际信息学奥林匹克中国队选拔（China Team Selection），2019 年以前称为国际信息学奥林匹克中国队选拔赛（China Team Selection Competition, CTSC）。2020 年以前，该比赛每年 5 月举办，从 WC 前 15 名选手中选拔 IOI 的选手，获得前 4 名的优胜者代表中国参加国际奥赛。从 2020 年开始，该赛事取消。

这个比赛也同样允许非正式营员（约三四百名）参加，设置一、二、三等奖，是全国性的奖项，可以作为大学录取的参考。

IOI 是指国际信息学奥林匹克竞赛（International Olympiad in Informatics）。中国是 IOI 的创始国之一，CCF 每年会组织代表队（4 人）代表中国参加 IOI。IOI 会计算团体总分，每年中国的成绩都非常好，中国选手基本都会获得金牌，团体基本会拿到第一、二名。

简单总结参加上述 6 个竞赛的流程，如图 1.1 所示，第 1 年的 9—10 月参加 CSP 的初赛和复赛，12 月参加省级 NOIP。按比赛成绩选拔省队，参加第 2 年 7 月的 NOI。NOI 的优胜者组成国家集训队，参加第 3 年寒假的 WC。WC 集训后组成国家预备队，参加当年 5 月的 CTS。优胜者组成国家代表队，代表中国参加当年 8—9 月的 IOI。

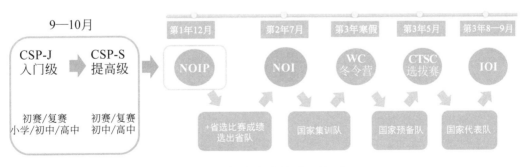

图 1.1　信奥官方比赛时间表

第3问 信奥考核哪些内容？

　　信奥是为了选拔，所以考试内容没有限制，CCF 官方之前给的大纲也比较笼统，每年考试都可能会出现新的算法。2021 年，CCF 给出了 NOI 大纲，表 1.1 和表 1.2 列出了信奥入门级和提高级常考知识点。提高级的知识点是在入门级的基础上增加了一些比较难的算法。

表 1.1　信奥入门级常考知识点

序号	知 识 点
1	模拟算法（暴力枚举），按照题目的要求，题目怎么说就怎么做，保证时间和正确性即可
2	搜索与回溯，主要是 DFS（深度优先搜索）和 BFS（宽度优先搜索），基本没有直接的暴力搜索。一般是记忆化搜索加剪枝
3	简单操作，如筛法、前缀和、快速幂、高精度、辗转相除法等，掌握全面即可应对大部分处理数据上的问题
4	队列（单调队列）、栈、堆、链表等基础数据结构
5	简单二分和分治（快速排序，归并排序）
6	贪心，要保证贪心的正确性，如果无法证明也可以用来骗分
7	数学知识、公式计算，要点在于公式的化简与变形，经过反复操作后也许就能得出重要结论
8	简单的动态规划，容易推出状态转移方程，要注意初值与计算边界条件
9	字符串基本操作，插入、删除、查找等
10	经典例题变形加深：八皇后、马的走法、背包问题等

表 1.2　信奥提高级常考知识点

序号	知 识 点
1	模拟算法（暴力枚举），按照题目的要求，题目怎么说就怎么做，保证时间和正确性即可
2	搜索与回溯，主要是 DFS（深度优先搜索）和 BFS（宽度优先搜索），基本没有直接的暴力搜索。一般是记忆化搜索加剪枝
3	简单操作，如筛法、前缀和、快速幂、高精度、辗转相除法等，掌握全面即可应对大部分处理数据上的问题

序号	知 识 点
4	队列（单调队列）、栈、堆、链表等基础数据结构
5	简单二分和分治（快速排序，归并排序）
6	贪心，要保证贪心的正确性，如果无法证明也可以用来骗分
7	数学知识、公式计算，要点在于公式的化简与变形，经过反复操作后也许就能得出重要结论
8	简单的动态规划，容易推出状态转移方程，要注意初值与计算边界条件
9	字符串基本操作，插入、删除、查找等
10	经典例题变形加深：八皇后、马的走法、背包问题等
11	较难的动态规划，多维的状态，转移方式较多
12	简单数论，如扩展 GCD、欧拉函数等
13	进阶算法：倍增、并查集、差分约束、拓扑排序、排列组合数、逆元、哈希
14	最短路问题，需要掌握弗洛伊德算法、SPFA 算法、Dijkstra 算法，以及它们对应的优化，再根据题目实际要求进行变形，用同样模板达到各种不一样的效果
15	最小生成树问题，主要的两种算法为 Prim 和 Kruskal，同样要加上对应的优化，再根据题目进行变形，以满足题目的实际要求
16	二分图染色、二分图匹配，一般题目都隐藏得很深，需要找到题目的本质，才能发现正确的解法
17	强连通分量 Tarjan，最近公共祖先 LCA
18	数据结构：线段树、字典树、主席树、树状数组等
19	树的更多操作：树链剖分、树的直径、树的重心等
20	字符串操作：KMP 等

第 4 问　参加信奥是不是很难？

　　竞赛和学校里的学习不同，学校里的内容是针对绝大部分人的，需要保证大部分学生都能掌握，而竞赛带有选拔的性质，想要取得好成绩比较难。要能够在掌握校内知识之余学习竞赛的相关内容，并对这方面感兴趣。

相对来说，信奥获奖的难度比其他竞赛略低一些，主要原因是学的人相对不多。以大家熟悉的数学奥林匹克竞赛（简称奥数）为例，在全国范围内，每年参加奥数的人约几百万，参加信奥的人大约只有几万，但获得省级及更高级别奖项的人数，两个比赛几乎相同。所以因为参与人数少，信奥获奖比其他学科的奥林匹克竞赛容易一些。

大部分学生在学习一两年后就能获得 CSP-J 入门级二等奖以上，特别优秀的学生在学完语法（大约不到半年）后就能够获奖。

竞赛都是 4 道题，每道题满分是 100 分。第 1 题只需要学过简单的语法就可以做；第 2 题可能会用到比较简单的算法，或者需要比较好的思维模式；第 3、4 题会用到比较难的算法。大部分省市一等奖的分数线在 200 左右，即前两道比较简单的题尽量拿满分，后两题拿到部分分，就可以达到一等奖的分数线。三等奖一般是 70~80 分，复赛的获奖比例在 70%~80%，所以对大部分选手来说，获奖的难度不大。

但是参加竞赛最关键的还是提升学生各方面的能力，最终的目的并不是为了获奖。

第 2 章　为什么选信奥

（注：第一部分都是问答，按顺序编号，后同）

第 5 问　信奥对孩子的素质提升有什么帮助？

　　从孩子综合素质发展的角度来讲，信息学的学习能够培养孩子的五大能力：

　　一是观察、分析问题的能力；

　　二是数学建模的能力；

　　三是灵活运用算法的能力；

　　四是编写代码并且调试的能力；

　　五是检测程序是否正确的能力。

　　信奥的本质，实际上就是计算机编程，运用算法来解决实际问题。可以说，从信奥中脱颖而出的选手，都是素质全面、潜力无限的。

　　这是因为学习程序设计能培养计算思维、抽象思维和综合思维的能力。每一道信息奥赛的题目，都是要求学生通过逻辑分析，把一个复杂的综合性问题分解成若干小问题，再由此建构起可行的数学模型，最后用计算机写代码解决。

　　此外，信奥中有一类题目，被称为"无类型题目"，不能套用任何现成的算法，只能自己寻找数理规律，用创新算法求解。这无形中培养了学生的创新思维。

　　编程也是一件极考验耐心和细心的事，在编程练习中，任何一行代码出问题，程序都会出错且无法正常运行下去。这时，孩子就必须要自己一步步执行步骤、梳理逻辑，找出问题并想办法解决。这极大地培养了孩子认真细心、保持耐心和专注的品性。

这样的过程可以锻炼孩子的耐心和抗挫能力，让他以更加平和的心态面对挫折和失败，同时观察力和专注力也会得到很好的培养。

所以，信奥高手的学习态度、学习方法和能力都是同龄人中的佼佼者。除具备算法功底、编程能力之外，还需要具备创造性思维以及团队合作的能力。

再加上学习信息学许多题目与数学关联度很高，学习信息学对孩子的数学能力提高也有很大的帮助，数学又是学习物理、化学和生物等学科的基础。

因此，经过长期的锻炼，这些获奖选手们的其他学科也不会弱。他们不但能轻松跨界，而且未来有无限发展可能，潜力巨大。

第 6 问 **信奥获奖对孩子有什么影响？**

> 信奥能反映孩子的思维能力水平，获奖的孩子会获得相关学校的认可。在全国各个省市，信奥获奖对孩子的初中升高中、高中升大学都有不同的助力作用，也是出国留学背景提升的一个可行选择。

表 2.1 总结了在强基计划执行前不同级别的信息学奖项在升学时的政策，最近的强基计划政策每年都变化比较大，但是学校希望招到好孩子的青少年信息学奥林匹克竞赛初衷还是不变的。

表 2.1　信息学获奖在升学时的政策（强基计划前）

比　　赛	参赛选手	级别	获 奖 政 策
CSP 入门级 CSP 提高级	小学、初中、高中学生	省级	中考科技特长生
NOIP	高中学生	省级	· 成绩优秀者，名校一本线录取 · 获得参加清华大学和北京大学冬令营资格
NOI	省队成员	国家级	· 金牌，高一、高二获得清华大学和北京大学保送资格 · 银牌，获得清华大学和北京大学降分录取资格 · 铜牌，获得名校降分录取资格

比　　赛	参赛选手	级别	获 奖 政 策
WC 冬令营	国家集训队自由报名	国家级	一、二、三等奖，名校招生优惠
CTSC 选拔赛	国家预备队自由报名	国家级	一、二、三等奖，名校降分录取资格

1. 初中升高中阶段

科技特长生是经过教育厅、教育局发文，有正式定义的、享有特殊招生政策的学生群体。如果有信息学特长，成绩普通的孩子也有可能进重点中学。科技特长生的政策，在全国大部分省市都有，每年学校都会在各自的官方网站公布招生简章。

表 2.2 列举了 2022 年公布科技特长生招生简章的北京学校。

表 2.2　2022 年公布科技特长生招生简章的北京学校

海淀区	西城区	东城区	朝阳区	丰台及其他区
中国人民大学附属中学	北京师范大学实验中学	汇文中学	陈经纶中学	首都师范大学附属中学云岗中学
八一学校	北京师范大学附属中学	北京市广渠门中学	北京中学	北京十八中
北京航空航天大学附属中学	北京师范大学第二附属中学	东直门中学	和平街一中	北京十二中
一〇一中学	北京八中	北京二十二中	清华大学附属中学朝阳学校	丰台二中
一〇一矿大分校	北京四中	北京一七一中学	中国人民大学附属中学朝阳分校	潞河中学
首都师范大学附属中学	北京第一六一中学	北京五中	北京工业大学附属中学	中国人民大学附属中学附通州校区
中关村中学	北京十三中	北京六十五中	中科院附属实验学校	北京师范大学业附属中学平谷第一分校
北京理工大学附属中学	北京三十五中	五十五中		昌平一中
北京交通大学附属中学	北京十四中	第一六六中学		昌平二中

海淀区	西城区	东城区	朝阳区	丰台及其他区
中国农业大学附属中学	北京十五中	北京二中		延庆一中
五十七中	北京铁路二中	北京十一中学		
二十中	北京育才学校			
十九中	教育学院附属中学			

举例：2022年中国人民大学附属中学科技特长生招生简章。

满足条件之一即可：

（1）在2019年9月至2022年5月期间，参加青少年科技创新大赛或者金鹏科技论坛活动，获得区级一等奖及以上级别奖项；

（2）在2019年9月至2022年5月期间，参加FTC/FRC比赛，获得市级及以上级别奖项；

（3）获得区级VEX机器人竞赛一等奖（含）及以上奖项；

（4）信息学奥赛获得CSP-J组200分及以上，或者CSP-S组50分及以上，或者NOIP99分及以上的成绩；

（5）综合科技能力优秀。

2. 高中升大学阶段

从2017年开始，清华大学和北京大学都在寒假举办了信息学体验营，参加的要求是NOIP400分以上，只要求分数，没有要求年级，所以很多初中的孩子都有资格可以参加冬令营。2017年清华大学签了50多个孩子，2018年清华大学签了70多个孩子，有三位初中生获得清华大学降一本线优惠，十几位初中生获得北京大学降一本线优惠。最优惠的是签约一本线，只要达到一本线就可以入学，还有其他的优惠，例如降60分、40分、20分，还有的是有条件的，例如后面参加NOI是前120名，就降60分等。这样，大学既把学生定下来了，同时又保证学生之后的成绩只要达到了学校的要求，那就给这个签约。

可以看到，好的大学一直在抢生源，从之前高三、高二开始抢生源，到现在降到从初中生开始抢，对初中生已有优惠，总体来说，签约有越来越多、年龄越来越小的趋势，所以越早接触竞赛，机会就越多。

高等院校招生对特长生的青睐更为普遍。2020年取消了高校自主招生，取而代之的是强基计划，也就是36所双一流高校的招生改革试点，为了选拔培养服务国家重大战略需求且综合素质优秀或基础学科拔尖的学生，聚焦高端芯片与软件、智能科技、新材料、先进制造和国家安全等关键领域。信息学就属于其中的关键领域。

在强基计划之后，清华大学、北京大学、中国科学技术大学等一流院校都对竞赛表现优异的学生伸出了橄榄枝，甚至为了抢夺优秀人才相互竞争，推出了特色培养方案和不用参加高考的测试选拔计划，且针对极少数优秀的竞赛生可以破格录取。竞赛选手特别是低年级选手有了更多的选择和机会。顶尖高校的信息学特色班型有清华大学的姚班、智班，北京大学的图灵班，上海交通大学的ACM班、浙江大学的图灵班等。

参加信奥获奖对申请国外大学也有帮助，如在IOI中获奖，在申请国外一流大学时也有一些相应的录取政策。

除了对国内升学顶尖名校有帮助外，对于想要进入国外名校的信息学选手来说，也有重要的信息学国际赛事可以参加。如美国官方赛事美国信息学奥林匹克竞赛（United States of America Computing Olympiad，USACO）。USACO是美国官方举办的中学生计算机编程与算法线上比赛，是一项誉满全美的中学生计算机编程竞赛。竞赛初次举办于1992年，是针对美国中学生的官方竞赛网站和美国著名在线题库，专门为信奥选手准备的。该竞赛为每年夏季举办的国际信息学奥林匹克竞赛（IOI）选拔美国队队员。

USACO采取积分赛制，分为月赛和两轮公开赛：有3次月赛，分别在每年的12月、次年的1、2月份；3月份会组织一次USACO Open（公开赛）；5—6月会组织美国国家队集训（25人左右），选拔IOI美国国家队成员（4人）。其中，月赛、公开赛中国学生均可参加。美国2019年参赛人数有一定增长，但总体来说人数并不多，所以竞争相对来说比较低，获得奖项后申请国外大学时会是很好的加分项。

身边的案例

　　2020 年 MIT 早申录取，福州三中 Z 同学，上海外国语大学附属外国语学校 W 同学

　　2021 年 MIT 常规申请录取，北京师范大学实验中学 L 同学，上海外国语大学附属外国语学校 M 同学，合肥一中 D 同学

第 7 问　信奥对就业有什么帮助？

　　从国家政策倾斜和教育部发文可以看出，目前大环境对信息科学是鼓励和支持的态度。以互联网和工业智能为核心，包括大数据、云计算、人工智能、区块链、虚拟现实、智能科学与技术等相关新工科专业人才需求量大，在就业方面的优势很强。

　　而且信奥的赛程和对参赛队员的综合素质要求也使得这成为了一个天然的门槛，获奖的同学不仅在计算机技术和编程方面有过人之处，还具备非凡的智力、毅力和心态。在参赛过程中结交的伙伴也都有相似的兴趣爱好和人生追求，为孩子未来拓展人脉也打下了基础。

　　很多互联网公司创始人和高管都曾是信奥选手，搜狗 CEO 王小川获得了第八届 IOI 金牌，携程创始人梁建章获得过上海市青少年程序设计金奖，旷视联合创始人唐文斌得过 NOI 金牌，小马智行创始人楼天城得过 IOI 金牌，第四范式 CEO 戴文渊曾是 ICPC 全球总冠军，前 Facebook CTO 德安杰洛获得过 USACO 第八名、IOI 银牌、ICPC 银牌……

　　这些我们熟知的行业大佬都是信奥选手出身，也从侧面证明了信奥对于培养计算机专业优秀人才的重要性。经历过信奥的孩子，如今活跃在计算机领域，在他们的职业生涯中表现优异。

　　各大企业对信息学选手青睐有加，2021 年 1 月 8 日，华为公司邀请杭电 ICPC 全

体集训队参观。

第 8 问　孩子完全可以选择奥数等别的学科竞赛，为什么要选择信奥？

不是高考科目，学习门槛高，老师、机构匮乏等原因导致信息学赛是相对来说比较小众，也正因此信奥有其他竞赛不具备的优势。

首先，目前信息学还不是关键学科，竞争压力略小于奥数等其他竞赛。奥数属于成熟的奥赛，从 1959 年第一届国际数学奥林匹克竞赛（International Mathematical Olympiad，IMO）举办至今已有 60 多年历史了，国际影响力大，参与人数众多。要想在全国数百万学习者中脱颖而出，获得名次，其难度不言而喻。与此相对的是，信奥还非常年轻。NOI 创办于 1984 年，第一届 IOI 于 1989 年在保加利亚的布拉维茨举行。信奥还算是一个比较"冷门"的竞赛，每年参赛人数只有几万，但在总获奖人数上却超过奥数，算上参赛人数，信息学奥数在部分省份的获奖率是奥数的十几倍。

其次，信息课在学校教育中不占重要位置，一般孩子的信息学基础都差不多。尽早学习容易尽早取得成绩，逐步拉开与其他孩子在信息学素质上的差距。如果孩子从小学中高年级就开始学习和比赛的话，时间是比较充裕的，只要提前规划，不会影响孩子备战高考。

与其他竞赛相比，信奥评分公开透明，每次大赛比赛之后，会公布所有人的代码，公布测试点，整个判卷也都是计算机自动进行，这些和其他竞赛青少年信息学奥林匹克竞赛相比起来，可以减少人工判卷引起的主观偏差，减少了不确定性，能够反映选手的真实水平。因此，成绩获得学校和公司的认可。

还有一点是信奥每年有很多不同级别的比赛，比赛比较多，这是一件好事情，因为相对来说也给孩子更多的机会，即使没进省队，但是还有冬令营和选拔赛可以报名参加，就意味着获奖的机会更多。孩子可以提前安排，多次参加，锻炼的机会更多，只要有一次成绩比较好，或者你的年龄比较小（初中或者高一）又取得了不错的成绩，获得学校的认可，有可能获得学校入学的优惠条件。

身边的案例

2017 年年初大咩第一次参加 NOI 冬令营，我认识了一位高二的家长，他们从高一开始参加比赛，比赛参加的不多，成绩不算特别突出，所以家长也比较迷茫，比赛之前也是比较纠结，正考虑是继续比赛，还是回去准备高考，因为参加竞赛花了很长时间，但还没有取得更好的成绩，原本也打算在冬令营比赛之后接着参加清华大学举办的体验营。结果在 NOI 冬令营获得了非常好的成绩，直接签了北京大学一本线，我在送大咩去了清华大学体验营之后给这位家长打电话，这位家长非常开心，告诉我放弃清华大学的体验营，很高兴地回去准备高考了，最后孩子如愿进了北京大学。这个例子就说明那么多比赛只要有一次成绩发挥得好，就有机会。

第 3 章　孩子适合学信息学、参加比赛吗

什么样的孩子适合参加信奥？

> 趣味编程课程，可以说是适合所有孩子的，但是相对来说信奥课程，就不是适合所有的孩子，那么信奥课程适合哪些孩子呢？

这个问题也是家长非常关心的。我觉得首先孩子要对计算机比较感兴趣，兴趣是最好的老师，如果孩子觉得信息学没有意思，学不下去的话，其实也不需要强求，可以选择其他更感兴趣的方向，希望孩子在适合的地方发挥自己的长处。

所以，兴趣是第一位的，有了兴趣，孩子会自己探索，遇到不会的内容会主动寻求答案，兴趣可以支持孩子在遇到困难时努力克服，能够坚持下去。另外，希望孩子是学有余力的。学习竞赛，一般要求在学校里能达到学校的基本要求，学习其他学科时不是很费劲，学有余力，有其他时间发展自己的特长。因为参加学校的自主招生，最后大部分孩子获得的优惠是降分，最后还是要参加高考的，所以学校里的学习还是基础，如果学有余力，就可以通过科学的方法，不断地坚持，在竞赛方面能走得更远，获得的成绩其实对将来工作的方向或兴趣，都会有好处。

还有家长问，没学过奥数，学编程吃力吗？

我关注信息学的竞赛很多年，同时孩子也学了好几年，也看了其他一些孩子的成长。我的感觉是，数学学得好的孩子，对信息学的学习非常有帮助，这样他理解算法会特别快。但是，没有学过奥数的孩子，也是可以学信息学的。

刚才也提到过，北京市的数学竞赛是非常强的，但信奥，在全国相对来说没有那么强。有一个很有意思的现象，数学最好的中学基本是中国人民大学附属中学，北京市进省队的选手中，中国人民大学附属中学可能占了2/3，中国人民大学附属中学的数学一直以来都特别强势，但信息学方面，中国人民大学附属中学就不是一枝独秀。但从信息学的省队名单可以看出，有很多各个学校的孩子，比如西城实验中学、海淀的十一中学、首都师范大学附属中学，还有朝阳的八十中，这些学校的孩子的信息学都学得不错。相对来说，数学学得好的学生都到中国人民大学附属中学来了，很多其他学校的孩子，是没有怎么学过奥数，可能对数学也不是特别喜欢，但是信息学学得非常不错，就是说没有学过奥数的孩子也是可以学习信息学的。

反过来说，学信息学对数学也是有帮助的，两者是相辅相成的，这一点从孩子身上可以明显地感受出来，例如孩子做数学题时，有时会说，这道题我是从信息学想到的方法来做的，有时在学信息学时，会说这是数学的题。所以，这两部分是相辅相成的，如果正在学数学（奥数）的孩子，同时学信息学，在时间允许的情况下，两个是相互促进的，是有益的；如果没有学奥数，对奥数也不是很喜欢的孩子，但对信息学有兴趣，那来尝试学信息学也是可以的，没有奥数的底子，信息学一样可以学得很好。

2018年北京市队中，一个已经进入国家集训队的孩子参加NOIP，提高组的第一题，其实就是一道奥数题，他已经进入国家集训队了，可见信息学水平是很高的，但是第一题不会做，因为没有奥数基础，但这道题还是可以得到七八十分，一道题满分一百分，他利用计算机仍然可以得到大部分的分，同时也通过计算机进入了国家集训队，也就是说进入了全国的前几十名。所以，没有奥数基础也是没有问题的，只要孩子喜欢，就可以尝试下。

第10问　女孩适合学习信息学吗？

大家认为程序员都是男的，所以会有这样的成见。实际上历史上第一位程序员就是一位女士。

据史料记载，世界第一位程序员名叫阿达·洛芙莱斯（Ada Lovelace，见图3.1），是英国著名诗人拜伦的女儿。

她为了给程序设计"算法"，制作了第一份程序设计流程图，作为计算机程序的创始人，她建立了循环和子程序等现代编程领域极为重要的概念。

出生于伦敦市的阿达，在17岁时于剑桥大学第一次见到了著名的数学家、发明家兼机械工程师查尔斯·巴贝奇，而这次相遇成了阿达人生的转折点。巴贝奇当时正致力于发明分析机，而阿达则致力于为这台分析机编写算法。在这个过程中，阿达第一次接触到"差分机"这个概念，阿达日后在与巴贝奇教授讨论差分机的过程中，预言了通用计算机的可能。

图 3.1　阿达·洛芙莱斯

譬如她建议用二进制数代替原来的十进制数，表明分析机可以接受各种各样的穿孔卡："控制卡""数据卡""操作卡"。她还提议数字和其他符号如字母都可以"编码"成数字数据，机器可以处理它们。她早在现代计算机出现前200年，就提出了分析机的记忆能力的想法，指出分析机应该有存储位置或地址，并且有"注解或备忘"的可能性。

尽管由于当时技术的局限性无法满足分析机的精度，导致分析机最终无法实现，但是阿达在这个过程中提出的种种编程概念以及她对于计算的理解，对日后编程界产生了巨大影响。从这一点看，阿达当之无愧成为世界公认的第一位程序员。后来美国军方为了纪念阿达的杰出贡献，将历时20余年开发的一种新型的高级编程语言命名为——Ada。

女生的特点是心细、有耐性，在信奥中这个特点非常重要，因此女生有自己独特的优势。

在NOI名额分配中，A队的5个名额有一个必须给女生，所以每个省进行的省队选拔女生都有专门的名额，相对来说竞争小。

身边的案例

上海外国语大学附属外国语学校某同学，MIT2020 年早申录取，她是信息学大神，2019 年 7 月在第 36 届全国青少年信息学奥林匹克竞赛中获得金牌，并入选国家集训队，因总成绩全场排名女生第一，获全场最佳女选手称号，她也是 2018 全国青少年信息学奥林匹克联赛一等奖获得者。

第 11 问 孩子不喜欢学信息学怎么办？

信息学相对难度比较高，取得成绩成就感也会更高。在学习的过程中，可以参加一些入门级的比赛，鼓励孩子认真参与，和自己比，只要有所进步就应该有收获。如果在比赛中取得好成绩，也会提升自信。但是，信息学也不是适合所有人，如果孩子对信息学实在没有兴趣，可以选择其他感兴趣的方向，同样能够有所收获。

孩子对新鲜的事物一般开始都会感兴趣，但是在学习的过程中会遇到困难，这时就会有畏难情绪，容易放弃，这时候就需要家长和孩子共同根据实际情况做出取舍。

举个我们自己的例子，孩子从 5 岁开始学围棋，有很多时候都想放弃，因为每盘棋都会有输赢，输了就会哭，越到后面难度越大，但是我觉得围棋对孩子各方面的培养都有积极作用，所以还是鼓励孩子坚持。从最初的五级到业余 4 段，一直坚持到小学 4 年级，后面因为参加数学比赛，时间精力不够，最终选择放弃了围棋的学习。

但是经过几年的学习，围棋对孩子整体还是起到了很多帮助，一方面是孩子能够坐得住了，一盘棋一般时间比较久，提升了孩子的专注力；另一方面是计算力的提升，在以后能够明显感觉到孩子算得快；还有一方面是心态的调整，对输赢有了更好的认识。

所以孩子对信息学到底是不喜欢，还是因为害怕困难不想学，需要家长仔细观察孩子，认真分析孩子的特点和心态，帮助孩子找到适合他的道路。

第 12 问	如果我的孩子参加几次比赛成绩都不理想，是不是就不适合参加竞赛？

以前也经常有家长问我，孩子某次比赛只得了很少分，很多题没有做对，是不是不适合竞赛这条路。

竞赛和学校里的考试不一样，学校里的知识是针对所有孩子的，考试是考查孩子的掌握情况，所以孩子如果真正学会了，目标应该是要考满分的。

但是竞赛是选拔性质的，只要有排名，能够有区分度就达到目的了。所以比赛并不是追求满分，而是看自己所处的位置。一场比赛有可能分数很低，但是排名很靠前，这样就能够说明孩子的水平。

目前的信奥出题方向，有两种争论：有些出题老师认为应该限制考试内容，但是加强深度，类似中学的数学比赛 IMO；另外一些出题老师则认为不应该限制考试内容。目前来看后者占了上风。

信奥的现状可以说没有考试范围，官方的竞赛大纲写得非常模糊，任何算法都有可能考，比赛题目也是越来越难，很多新提出来的算法很快就出现在比赛试题里。因此，对于竞赛选手来说，竞赛内容是学不完的。

那可能有些家长就会觉得，既然学不完，那是不是参加竞赛就没有意义了呢？

答案当然是否定的。孩子学习竞赛的过程就是逐渐提高解决问题能力的过程，一个问题可能有多种解决方法，方法也可能有好坏之分，不过可以先用已经掌握的方法部分解决，随着自己的能力提高，下次遇到类似的问题可以解决得更好。

这个和我们每个人在成长中的过程也是类似的，总是会遇到难题，我们会先用已有的知识来尝试解决，如果解决不了会学习新的方法，等再次遇到时就会有更多的方向去尝试。随着时间的推移，经验越来越丰富。

因此，在学习竞赛的过程中会不断遇到困难，也会激发自己的潜能，不断挑战自己，这个能力也会体现在生活和将来进入职场之后。

所以对于在学校里学有余力的孩子们来说，学习竞赛是一个很好的选择。

竞赛的群体是一个非常积极向上的环境，能够认识全国乃至世界范围内最优秀的人，和他们一起学习，对孩子来说是非常难得的。

学习的过程也是螺旋式上升的，通过横向和纵向的对比，可以检验孩子的状态。最重要的不是最后的结果，而是过程中孩子不断突破自我，取得进步。

第 4 章 信息学和其他学科

第 13 问　**数学不好还能学信息学吗？**

　　学习信息学，是从语法开始的，里面需要用到的数学概念不是特别多，一般要求具有课内小学 4 年级的数学水平，就可以开始信息学语法部分的学习。基础语法学完之后，就开始算法的学习，这时候如果用到相关的数学知识，在学习过程中老师也会进行讲解。在学习了一段时间之后，达到入门级一等奖的水平，需要学习提高组的算法，这时候可以开始系统学习数论、组合、概率等数学知识。

　　适合学信息学的孩子有两个特点：对信息学感兴趣；学有余力。

　　奥数好的孩子，学信奥更有优势，反之也一样，两者相辅相成，如果没有学过奥数，也可以尝试信息学，同时信息学也会对数学的学习有所帮助。确实有的孩子数学不太好，在学习了一段时间信息学之后，他的数学学习也有了很大提升。

　　所以，如果孩子对信息学感兴趣，即使数学成绩不是很好都可以尝试一下。

第 14 问　**奥数和信奥可以同时参加吗？**

　　奥数和信奥是相辅相成的关系，两者可以互相促进。在国内参加竞赛的选手在两个学科同时进入国家集训队的，信息学和数学最多。

　　另外，国内同时进入不同学科国家队的，只有信息学和数学，国际上获得不同学科国际金牌最多的，也是信息学和数学的选手。所以两个学科相关性非常大。

　　2021 年，出现了有 4 位同学同时进入数学和信息学国家集训队，如表 4.1 所示。中国历史上，有 2 位同学进入不同学科的国家队，如表 4.2 所示。

表 4.1　数学、信息学双国家集训队选手（2021 年）

获　　奖	姓　　名	就读学校	年级
NOI2019 金牌（信息国家集训队）	L 同学	宁波市镇海中学	高一
CMO2018 金牌（数学国家集训队）			高一
NOI2020 金牌（信息国家集训队）	Y 同学	宁波市镇海中学	高二
NOI2019 金牌（信息国家集训队）			高一
CMO2018 金牌（数学国家集训队）			高一
NOI2020 金牌（信息国家集训队）	Z 同学	华东师范大学第二附属中学	高二
NOI2019 金牌（信息国家集训队）			高一
CMO2020 金牌（数学国家集训队）			高三
NOI2020 金牌（信息国家集训队）	D 同学	中国人民大学附属中学	高二
CMO2018 金牌（数学国家集训队）			高一
CMO2017 金牌（数学国家集训队）			初三

表 4.2　跨学科入选国家队选手

年　　份	举办地	姓名	学　　校	省份	成绩
第 13 届 IOI2001	芬兰	F 同学	华东师范大学第二附属中学	上海	银牌
第 43 届 IMO2002	英国格拉斯哥				金牌
第 60 届 IMO2019	英国巴斯	D 同学	中国人民大学附属中学	北京	金牌
第 33 届 IOI2021	新加坡				金牌

　　图 4.1 显示了数学和信奥的关系。

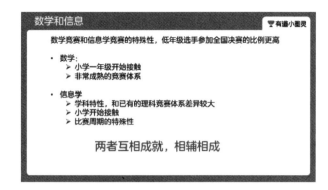

图 4.1　数学和信奥的关系

第 15 问　学信息学会不会对孩子其他学科的学习有影响？

编程教育的核心不在于传授技能，而是培养思维方式。

编程思维包括信息意识、数字化学习与创新、信息社会责任、计算思维 4 方面。其中，计算思维的培养是核心。

学习编程，主要是提高思维能力，能极大地增强校内学科的学习竞争力。

对数学学习的促进如下。

（1）提高审题能力：更有效率地拆解和分析题目，梳理思路，排除干扰项。

（2）提升条理性：注重解题过程的严谨性，减少丢步骤分的情况。

（3）一题多解：跳出思维惯式，建立多角度考虑问题、寻找最优解的意识。

（4）重视检查：有效减少粗心马虎的习惯，避免无谓失分。

（5）类题迁移：从解一道题迅速提炼、掌握一类题的解法。

对语文学习的促进如下。

（1）提升阅读理解能力：快速理清文章的脉络，有效提高阅读效率。

（2）提升写作能力，包括：

① 快速提炼主题：准确拆分题目和材料，提炼主题，避免跑题。

② 思路更连贯：更准确梳理文章层次，胸有成竹再落笔。

③ 条理性更强：语言表达逻辑性更强，表达更准确。

第 5 章　信奥规划

第 16 问 孩子多大开始学信息学比较好？

　　推荐小学阶段 4 年级开始学习信息学，小学高年级即可报名参加 CSPJ 的比赛，CSP-J/S 的报名没有年龄限制。

身边的案例 ▶

　　表 5.1 和表 5.2 是两个从小学开始学习和参加信奥的学生所获奖项的时间表。

表 5.1　同学一所获奖项时间表

获　奖	分数	全国排名	就 读 学 校	年级
APIO2019 金牌	300	1		高二
NOIP2018 提高一等奖	600	1		
NOI2018 金牌	575	1		
CTSC2018 金牌	407	12	福州市第三中学	高一
APIO2018 金牌	140	31		
WC2018 金牌		8		
NOIP2017 提高一等奖	570	24		

续表

获　　奖	分数	全国排名	就 读 学 校	年级
NOI2017 金牌	498	24	福州市三牧中学	初三
CTSC2017 金牌	285	17		
APIO2017 金牌	151	45		
WC2017 金牌		5		
NOIP2016 提高一等奖	545	84		
CTSC2016 银牌	170	41		
NOIP2015 提高一等奖	390	648		初二
NOIP2014 普及一等奖	300	171		初一
NOIP2013 普及一等奖	250	184	福州市鼓楼区实验小学	六年级

表 5.2　同学二所获奖项时间表

获　　奖	分数	全国排名	就 读 学 校	年级
IOI2020 金牌	592.62	3	绍兴市第一中学	高三
CSP2019 提高一等奖	500	42		高三
NOI2019 金牌	625	1		高二
CTS2019 金牌	322	9		
APIO2019 金牌	300	1		
WC2019 银牌		60		
NOIP2018 提高一等奖	533	63		
NOI2018 金牌	437	63		高一
CTSC2018 金牌	374	28		
APIO2018 银牌	65	201		
WC2018 金牌		59		
NOIP2017 提高一等奖	570	24		
WC2017 铜牌		222		初三
NOIP2016 提高一等奖	429	396		初三

续表

获 奖	分数	全国排名	就 读 学 校	年级
NOIP2015 普及二等奖	300	348	绍兴市第一中学	初二
NOIP2014 普及二等奖	260	379		初一

图 5.1 是分析了很多信息学获奖同学的经历总结出来的备赛时间线，适合大多数孩子。

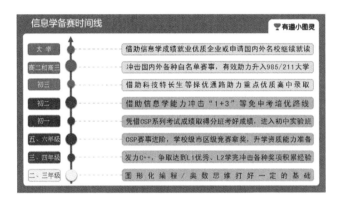

图 5.1　备赛时间线

我建议孩子在小学四年级前能够接触到编程，打好扎实的基础。经过 1~2 年的学习之后，在小学五、六年级参加比赛，获得 CSP 相关奖项，在奖项加持下进入重点初中。初中阶段继续学习和参赛，以赛代练，提升实战经验，初中所获的奖项帮助孩子顺利升入重点高中。在高一、高二阶段参加各大比赛，如果获得比较好的奖项就可以得到名校优惠政策，助力升入理想的大学；如果没有获得特别理想的结果，高三还有充裕的时间留给孩子备战高考。

所以，总结一下，信息学规划有以下 4 个要点。

（1）参加信奥获得保送只有高一、高二才有机会，因此，在初中阶段就要参加比赛，来积累实战经验。

（2）从以往的获奖名单可以看出，最后获奖的孩子都是很早就开始学信息学了，他们每年的排名都在慢慢地往前，且初中阶段比赛获奖，也可助力进入重点的高中。

（3）为了初中阶段参赛并获奖，五、六年级就应该参加入门级的比赛，为将来参加提高级的比赛积累经验。因此，建议从三、四年级就开始打好基础。

（4）三、四年级的升学压力还不是很大，孩子的认知各方面也发展得比较好，比较适合来打好信息学方面的基础。

第 17 问 **要学多长时间才能参加比赛？**

> 信奥分成不同级别，在学完语法之后就可以参加很多入门级的比赛，一般第一题都是不考算法，只需要具有基本的概念就可以参与，所以建议在学过了条件、循环等基本概念之后，就可以参加相应难度的比赛进行练习，以赛代练，以赛促学，不断提高水平。

在学完了语法之后，大概需要半年，就可以参加各省市教委、科协等组织的比赛，例如，智慧杯中小学生程序设计大赛、北京青少年信息学科普日活动、各省市中小学信息学奥林匹克竞赛等，在一年之后，就可以参加 CCF 组织的官方比赛 CSP-J 入门级的比赛。如果 CSP-J 入门级获得了一等奖，就可以参加 CSP-S 提高级的比赛。

优秀的竞赛选手都是通过每年参加各类比赛不断增强经验，提高能力。

大咩自己就特别喜欢比赛，他从六年级开始正式 C++ 语法的学习，在七年级开始参加海淀区和 CCF 组织的比赛，之后每年都会参加各种比赛。

我也会在网上搜集各种比赛信息，信奥很多都是线上举行，国内外的比赛也非常多，这样就给了孩子很多机会，他在学习信息学时还没有特别完善的体系，所以他主要是在比赛中不断学习新的算法，弥补自己知识点的不足。

第 18 问 **孩子一年级，从头开始如何规划学习路径？**

> 小朋友一年级可以从图形化编程开始学习，培养孩子数学、逻辑、解决问题等方面的能力。四年级左右进阶到 C++，五、六年级就应该参加入门级的比赛，为将来参加提高级的比赛积累经验。

第 19 问 孩子适合先接触语言，还是先接触数据结构和算法？

学习信息学，需要先学习语言，再学习数据结构和算法，数据结构和算法都是需要用语言实现的，简单和语文的学习做个类比，语言的学习就好比我们先学习认字，数据结构和算法是学习后面的句子和作文。

第 20 问 如果没有得奖，参加信奥就没有意义了吗？

确实，比赛是竞争性的，获奖者的身后是无数"陪跑"的孩子。但即使没有得奖，信息学的学习与竞赛还是能给孩子带来一些益处。

首先是自学能力，竞赛是选拔性的，信息学的发展也非常快，不断有新的算法提出来，国际上的比赛也不断在升级，因此就需要孩子有很强的自学能力，对不断出现的新知识新算法能够很好地理解，并且灵活使用。

其次是抗压能力，比赛和平时的练习不一样，是要求在很短的时间内完成规定的任务，在这种高强度、高难度的情况下，很多人的心态就会发生变化，一点小的意外就会影响水平的发挥。所以每一次比赛对孩子都是一个很大的考验，在不断的比赛中一次次积累经验。参加比赛，可以让孩子能够认识更多优秀的选手，同时也能更好地认清自己。竞赛选手们都是一批水平很高，能力很强的同学。在这样一个优秀的环境中，他的眼界就会变得开阔，知道了山外有山，人外有人，大神太多，就会变得谦虚。就会变得不满足，就要更加努力，追求更加卓越。

第 6 章　参赛相关干货

第 21 问 **如何报名参加信奥？**

　　信奥比较多，每个比赛都有自己的要求，有些比赛可以直接在线上报名，有些可能是集体报名，有些需要学校盖章。所以需要看每个比赛具体的要求。

　　大部分的官方比赛是个人报名，有些比赛需要学校盖章。这些信息我们会第一时间在网上发布，提醒家长及时报名；也会有各种攻略，有任何问题随时解答；关注网上的相关通知，就不用担心错过报名。

　　CCF 的官方比赛比较特殊，采用特派员机制。特派员是负责省级 NOI 竞赛系列活动的专务人员，每省一人。特派员由省 NOI 组织单位推荐，NOI 主办单位审核合格后，由主办单位聘任，并在省级奥林匹克管理委员会备案。

　　每年各级别的比赛，官方都会公布报名要求和方式，每个省也都会有相对的要求，如果有问题可以咨询各省的特派员。

　　全国青少年信息学奥林匹克竞赛官网（以下简称"NOI 官方网站"）有最新的特派员联系方式，可以查询。

第 22 问 **信奥需要刷题吗？有什么题库推荐吗？**

　　信奥练习非常重要，知识点学习了之后，就需要花时间用代码实现，代码能力对每个人都非常重要，一道题从会做到做对都需要一段比较长的路，每个人都需要经历这样一个过程，因此刷题很重要。线上题库非常多，例如洛谷、有道 OJ 等。

洛谷：
国内最大最全的刷题网站，题目数量多，有标签提示，用户可以上传题解。
有道 OJ：
分为赛事、题库、信奥备赛专区三大板块，提供分级练习、真题、估分等信息学相关的专业内容。

第 23 问 有什么渠道可以获得信奥的最新信息？

信息学官方比赛的最新信息都会及时更新到 NOI 官方网站。

有道小图灵官方公众号：有道小图灵。
我的公众号也会公布相关的比赛信息，可以微信搜索"乖妈个人号"，欢迎关注。

第 24 问 信奥有官方的或者权威的教材吗？

针对中小学生的信息学课程有一系列参考书。例如，对于入门的孩子来说，可以参考官方出版的《CCF 中学生计算机程序设计》这套书，分成基础篇和入门篇。对于学习了一段时间后的孩子，可以参考刘汝佳的《算法竞赛入门经典》等，适合不同阶段的孩子。

第 7 章　家长如何支持

第 25 问　父母的专业都与信息学无关，但孩子有兴趣，学得挺带劲。父母不能在有问题时帮忙调试，应该继续支持吗？

　　孩子感兴趣就应该支持，提供合适的资源，信息学网上资源丰富，也有很多有经验的机构和专业老师，找到一个合适的跟着学习，并不是一定需要父母的辅导和帮助。大部分的竞赛选手，他们的父母的专业方向也都与信息学没有关系。父母主要是能够支持孩子做感兴趣的事情，在孩子需要帮助时，能够理解，积极寻求解决方法。

第 26 问　竞赛路漫漫，如何坚持下来？

　　兴趣是学习的原动力。我们做家长的应该让孩子做自己感兴趣的事情，感兴趣的事情会让孩子更自信。

　　良好的兴趣培养是一个良性循环，我们发现孩子在某方面有学习兴趣，鼓励他更多地接触和尝试，如果比赛获得了好成绩，他自己是非常开心的，这也是能够作为他继续学下去的动力，这就是一个良性的兴趣培养过程。

　　兴趣的保持需要积极的反馈和家长的坚持。

　　总之，在学习的过程中，家长可以尝试在孩子的兴趣之上，找一些能够让他更有成就感的事情，给他创造易于获得成就感的环境，让孩子对自己更有信心，进而更有兴趣学下去。

很多时候，积极的反馈并不容易得到，它需要一个循序渐进的过程。但孩子对事物的兴趣程度有时未必能够持续到那一阶段，坚持才有看到反馈的机会，所以这就需要我们家长的努力。

所以在竞赛的路上，家长要不断鼓励孩子，不要只看重比赛的结果，而是要重视比赛的过程，和自己比有所进步就应该表扬，不断让孩子有动力继续学下去。

第 8 章　编程类问题

第 27 问　编程语言众多，如何抉择？

　　编程语言之间本质上是相通的，不同的是语法和表达方式，不同编程语言之间学习起来也有一些差别。学会一种语言，转到其他的语言只需要几天。

　　官方国际信息学奥林匹克竞赛 IOI 从 2022 年之后只支持 C++ 语言，所以如果是备考信奥，学习 C++ 语言就够了。

第 28 问　乐高、机器人课程有没有必要？

　　乐高、机器人课程也是从一定层面培养孩子逻辑思维能力，以及分析问题、解决问题的能力，对培养孩子兴趣是有帮助的。如果没有学过，也不影响后面信息学的学习。

第 29 问　编程等级考试有用吗？哪种等级考试最权威？

　　编程等级考试属于资格认定，有考纲，考核角度比较明确，发展周期普遍较短，暂无统一认证标准，对于入门的孩子，可以参与验证一下水平。

第 9 章 其 他

第 30 问 NOI 的 D 类如何申请？

　　NOI 期间会举办夏令营，D 类营员可观摩竞赛。数量根据承办单位空间和设备情况而定。一般会按名额分配给各个省，所以并没有统一的标准，每个省根据实际情况自己决定。如果报名人数不多，基本上报名都可以参加，如果报名人数比较多，就会根据报名人以往成绩进行筛选，例如参加当年的 CSPJ/S 和 NOIP 成绩。

第 25 问 国际初中生信息学竞赛（International School for Informatics "Junior"，ISIJ）如果报名了，后面是要有初赛什么进行选拔吗？往年大概在什么时候选拔？

　　参与 ISIJ 是自愿报名，有资格要求，每年官方最新的公告会公布具体的规则。基本上没有选拔考试，主要考虑各省的名额平衡和报名选手的成绩来定。

信息学重要比赛汇总

第 10 章 信息学重要比赛概括性分类

信奥可以进行各种分类，如线上线下、国内国外、不同级别，这里按照重要性，做一个分类和推荐总结，后文会详细介绍。

10.1 官方权威比赛

比赛特点：官方组织的比赛，题目质量高，广泛认可。

推荐原因：最权威的官方比赛，参与的人群是国内顶级 oier[①]，比赛公信力很高，
　　　　　有机会一定要参加。

推荐指数：五颗星。

官方权威比赛如下：

- CCF 非专业级软件能力认证（Certified Software Professional Junior/Senior，CSP-J/S）。
- 全国青少年信息学奥林匹克联赛（National Olympiad in Informatics inProvinces，NOIP）。
- 全国青少年信息学奥林匹克竞赛（National Olympiad in Informatics，NOI）。
- 全国青少年信息学奥林匹克冬令营（WinterCamp，冬令营）。
- 国际信息学奥林匹克中国代表队选拔赛（China Team Selection Contest，选拔赛）。

- 亚洲与太平洋地区信息学奥赛（Asia Pacific Informatics Olympiad, APIO）。
- 国际初中生信息学竞赛（International School for Informatics "Junior"，简称 ISIJ）。
- 国际信息学奥林匹克竞赛（International Olympiad in Informatics, IOI）。

上面的比赛相对难度较高，初学者参与也有限制。下面是大部分人都可以参与的比赛，由教委、科协等官方组织的比赛，公信力很高，有机会尽可能参加。

> 智慧杯中小学生程序设计大赛。
> 北京青少年信息学科普日活动。
> 海淀区中小学生信息学奥林匹克竞赛。
> 各省市中小学信息学奥林匹克竞赛。

10.2 国内外知名（官方）比赛

> 比赛特点：国内外组织的线上线下比赛，题目质量高，比赛数量多，常年举办。
> 推荐原因：国内外的在线比赛具有多年积累的口碑，参与的人群多是世界顶级 oier，有利于提高水平，有机会建议参加。
> 推荐指数：四星半。

国内外知名（官方）比赛如下。

- 美国计算机奥林匹克竞赛（USA computing Olypiad, USACO）。
- 加拿大计算机竞赛（Canadian Computing Competition, CCC）。
- 俄罗斯 Codeforces。
- 印度 Codechef。
- 日本 AtCoder。
- 中国集训队选手在线评测 UOJ。

10.3　国内外知名机构和学校组织的比赛

比赛特点：企业和高校组织的线上线下比赛，有些每年常规举办，类型为个人赛或团体赛。

推荐原因：国内外企业或联合高校举办的比赛，奖品丰厚，顶级选手也会参与，有机会建议参加。

推荐指数：四颗星。

国内外知名机构举办的比赛如下。

- 美国谷歌 Google Code Jam。
- 美国 Facebook Hacker Cup。
- 美国 Topcoder TCO。
- 百度之星。
- 美团 CodeM。
- 阿里云超级码力。
- 清华算协 Code+ 编程大赛。
- "美团杯"程序设计挑战赛。
- 小米 ICPC 邀请赛。
- 字节跳动 ByteDance 冬令营。
- 清华大学学生程序设计竞赛暨高校邀请赛 THUPC。

第 11 章　信奥常用赛制

信奥赛制很复杂，最常用的有 OI 赛制、ACM-ICPC 赛制、IOI 赛制 3 种。

11.1　OI赛制

CCF 组织的官方比赛大部分都是 OI 赛制，所以最先介绍 OI 赛制。

作者曾经参加的两次联赛（NOIP 的前身）与现在的赛制差别很大，评测很原始，而且两年也是不一样的。

第一年是人工判，选手不在场，评卷老师会看每个选手的代码，与数学竞赛改卷类似，主观打分；第二年变成评卷老师和选手一起，运行程序输入测试点，根据输出判定对错。

这两种评测都非常耗时，需要评卷老师手工做，如果选手多，工作量是非常大的，而且容易出错。

现在的评测都是机器自动进行，从人工输入变成了文件输入输出。因此，代码里需要有重定向的语句。每道题都有多个测试点，根据每道题通过的测试点的数量获得相应的分数。

在比赛时没有任何反馈，比赛过程中看不到实时排名，赛后按照总得分来排名。

这个赛制本质上是"高考赛制"，大家一起交卷，最后交给 CCF 一起判分。从选手的角度来看不稳定性极高，经常会出现爆零的情况，新手最常见的错误就是文件输入输出问题。

然而 CCF 组织全国大规模的比赛，OI 赛制是目前最优的方式。各地组织者只需要收集好选手的程序及时发给 CCF，不需要网络等各种复杂的设置。

OI 赛制的比赛包括：CSP-J/S、NOIP、省队选拔、NOI、WC 等。

11.2 ACM-ICPC赛制

ICPC 的全称是国际大学生程序设计竞赛（International Collegiate Programming Contest），由美国计算机协会（Associationfor Computing Machinery，ACM）于 1970 年开始主办，从 2018 年起 ACM 不再提供赞助，但是很多人还是习惯叫它 ACM 竞赛。

ICPC 进行 5 小时，一般有 7 道或 7 道以上试题，由同队的 3 名选手使用同一台计算机协作完成。

每道题提交之后都有反馈，可以看到"通过""运行错误""答案错误"等结果，但看不到错误的测试样例，每道题都有多个测试点，每道题必须通过了所有的测试点才算通过。每道题不限制提交次数，以最后一次提交结果为准。比赛过程中可以看到实时排名。

参赛各队以解出问题的多少进行排名，若解出问题数相同，按照总用时的长短排名。总用时为每个解决了的问题所用时间之和。一个解决了的问题所用的时间是竞赛开始到提交被接受的时间加上该问题的罚时（每次提交如果没有通过，罚时 20 分钟）。没有解决的问题不计时。

ICPC 是队式赛，赛制的优点是"综合考量"，相比 OI 选手，ACMer 需要考虑诸如罚时、顺序、码量等因素，把重点从单纯的脑力竞赛变成了脑力 + 临场应变 + 判断力等多重能力的考查，这对于大学生来说更加有意义。

ICPC 比赛很有趣，现场会发气球，通过一道题会给队伍发对应颜色的气球，最后一小时会封榜，可以通过气球数量看每个队伍的通过题数，赛场上气氛很热烈，往往通过一道题同队的队员会一起欢呼，观赏性很强。

ACM 赛制的比赛包括 ICPC、CCPC、小米 ICPC、字节跳动 Byte Camp 冬令营等。

11.3 IOI赛制

IOI 赛制是国际上的信息学标准赛制，每道题提交之后都有反馈，可以看到"通过""运行错误""答案错误"等结果，可以实时看到自己每道题得了多少分，但看不到错误的测试样例。每道题都有多个测试点，根据每道题通过的测试点的数量获得相应分数。

每道题不限制提交次数，如果提交错误没有任何惩罚，仅以最后一次提交结果为准。比赛过程中一般可以看到实时排名，如果是考试，一般看不到排名。

IOI 赛制是子任务取最高分，也就是说你如果只会做子任务 1 和 3，那么可以给子任务 1 写一份代码，给子任务 3 写一份代码，分别提交，不用花时间把两个代码拼起来。

IOI 赛制是对会做选手最友好的赛制，有及时反馈，提交后发现错误可以改代码，一题交多少次都没有惩罚，因此只要你最终能改对，那么会做题的分总能拿到。并且还尽可能地帮助选手省时间——如果过了，就不用浪费时间对拍检查，可以专心做别的题，免得因为检查而来不及写会做的题。

IOI 国际比赛期间选手看不到实时排名，但是场外的观众能够看到，所以也非常有趣。可以说，IOI 赛制是结合了 OI 赛制和 ACM 赛制的特点。

IOI 赛制虽然很好，但是在实现过程中缺点也比较多，例如出题人和比赛组织方工作量大，对题目要求高，评测系统要足够稳定，需要强大的评测机等。

CCF 从 2017 年开始，国家队的集训选拔开始使用 IOI 赛制，因为集训时所有人员集中在一起，人数也不多，所以比较容易实现。

IOI 赛制的比赛包括 CTSC、APIO、CSP、CCFCCSP、IOI、线上各种比赛等。

第 12 章　官方重点比赛介绍

　　本章主要介绍官方重要的 NOI 一系列比赛，也就是和国际信息学奥林匹克国家队选拔相关的一系列赛事。

　　计算机比赛和其他几门学科相比，相对要复杂很多。很多家长在刚接触时会很迷茫，不知道孩子现有水平适合参加哪些比赛。

　　也有些家长即使孩子参加了好几年的比赛，还是说不清到底什么比赛是官方的，什么比赛是可以不参加的，看着网上各种获奖名单往往一头雾水。

　　本章简单介绍最权威的官方比赛，如果孩子真正喜欢计算机，想要参加比赛，了解官方组织的比赛是家长需要提前做的功课。

　　信奥官方组织者是中国计算机学会（CCF），最终目标是选出每年代表国家出征的 4 名国家队队员。

　　要从全国范围那么多中学生中选出代表国家最高水平的 4 名选手，去和国际上最优秀的中学生同场竞技，就需要层层选拔。

　　选拔过程和竞技体育类似，类比大家熟悉的体育赛事，列出了官方的主要比赛，有助于大家更好地理解。

1. CSP-JS/NOIP——省运会

　　全国青少年信息学奥林匹克联赛，线下比赛，时间一般从 10 月份开始，同一时间同一试卷统一测评，各个省各自组织线下比赛。和省选成绩一起计算选出省队，参加 NOI。

2. NOI——全运会

　　全国青少年信息学奥林匹克竞赛，线下比赛，时间一般在暑期，CCF 选取地点组织。

会选出 50 个人的国家集训队。

3. WC/CTSC——全国锦标赛

冬令营 / 选拔赛，线下比赛，之前是两个比赛，时间一般在寒假和 5 月，因为新冠肺炎疫情这两年比赛有了变化，CTSC 取消，非国集选手改成线上参赛。国家集训队选手线下参赛，最终选出 4 人的国家队。

4. APIO——亚运会

亚洲与太平洋地区信息学奥赛，线上比赛。自愿报名，CCF 审核公布参赛名单。

5. ISIJ——青奥会

国际初中生信息学竞赛，线下比赛，时间一般在暑假，今年因为新冠肺炎疫情改成线上。年龄要求 13~16 周岁。自愿报名，CCF 审核公布参赛名单。

6. IOI——奥运会

国际信息学奥林匹克竞赛，线下比赛，时间一般在暑假，今年第一次改成线上比赛。中国派 4 名国家队队员参加。

信奥整个选拔过程一共要 2 年，时间比其他学科都久，一年当中各级别的比赛多，流程长，选拔规则也很复杂。

这两年因为新冠肺炎疫情的原因，有些赛事改成了线上，给了更多选手参加的机会，选手们可以根据自己的水平，选择适合自己的比赛，以赛代练，有助于提高自己的水平。

下面详细介绍每一项比赛，给大家提供更多的参考信息。

2019 年之前，NOI 的一系列赛事包括 NOIP、NOI、WC 冬令营、CSTS 选拔赛、IOI、APIO 等，组织单位都是 CCF，中间出现了一个小插曲，因为种种原因，CCF 在 2019 年取消了已举办 20 多年的 NOIP，2020 年以后又恢复了，在这个时间段出现了一个新的认证 CSP-J/S。

因为大咩从初一开始就参加各种比赛，所以这里每个比赛都会从几个方面介绍，首先是比赛各方面的概括，其次是比赛官方的通知说明，每年通知里都会有相关的信息，每年都会有细微变化，官方通知过一段时间网上就查不到了，所以这里也放一下备查，最后是大咩参加比赛过程中的记录和有趣的事情。

为了便于理解，表 12.1 列出了官方比赛的整体概括。

表 12.1　官方比赛的整体概括

项目	CCF非专业软件能力认证	全国青少年信息学奥林匹克联赛	NOI省队选拔	全国青少年信息学奥林匹克竞赛	全国青少年信息学奥林匹克竞赛冬令营	国际信息学奥林匹克竞赛	NOI在线能力测试	亚洲与太平洋地区信息学奥赛	国际初中生信息学竞赛
简称	CSP-J/S	NOIP	省选	NOI	冬令营 WC	IOI	NOI Online	APIO	ISIJ
比赛时间	初赛9月，复赛10月	12月	4月	7月	2月	6~9月	3~5月	5月	7月
面向群体	所有人	中学生	中学生	中学生	中小学生	高中生	所有人	中学生	特定年龄段中学生
比赛方式	线下	线下	线下	线下	集训队选手线下/其他选手线上	新冠肺炎疫情前线下/最近两年线上	线上	线上	新冠肺炎疫情前线下/最近两年线上
比赛级别	省级	省级	省级	国家级	国家级	国际级	国家级	国际级	国际级
难度	入门级/提高级	提高级	提高级以上	提高级以上	提高级以上	提高级以上	入门组/提高组	提高级以上	A组省选难度，B组略低
参与资格	自愿报名	满足以下条件中的一条：①CSP-S(提高级)非0分的中学生；②CCF认可的指导教师推荐(人数较少)	每个省各自规定，一般要求CSP-S一等奖多少分以上，省有若干个名额，省内根据报名人与选手的成绩排	各个省通过省队选拔出来的ABCE类选手，D类根据举办场地规模分配，每个名额，省内根据报名人数基本在省队人数的3倍	正式选手：集训队选手/队员，非正式选手：自愿报名	国家队4名成员	自愿报名	A组60名正式选手。B组若干非正式选手。A组成绩排名前6位的选手将代表中国队参加主办国的成绩统计和国际奖牌竞争	当年CSP-S一等提高级一等奖获得者，年龄13~16周岁(以当年12月31日为截止日期计算)

项目	比赛全称								
	CCF非专业级软件能力认证	全国青少年信息学奥林匹克联赛	NOI省队选拔	全国青少年信息学奥林匹克竞赛	全国青少年信息学奥林匹克竞赛匹克冬令营	国际信息学奥林匹克竞赛	NOI在线能力测试	亚洲与太平洋地区信息学奥赛	国际初中生信息学竞赛
报名方式	个人网上注册报名	以省为单位报名。在学籍学校内，由指导教师汇总满足条件选手向所在省的NOI特派员报名，CCF不受理个人报名	以省为单位，NOI各省特派员负责报名	按照学籍学校报名，NOI各省组织单位负责审核信息	报名后各省特派按照CSP-JS2020第二轮成绩降序排列确定，提高级优先，其次是入门级。最终名单由CCF确定	按国家报名	个人网上注册报名	向所在省特派员报名。主办单位以省特派为单位接收以各省特派员提交的报名，CCF只受理个人报名 不受理个人报名	以学校为单位报名，各省NOI特派员汇总本省情况后报名提交
赛制	赛后评测	赛后评测	赛后评测	赛后评测	当场评测	当场评测	赛后评测	当场评测	当场评测
奖项设定	初赛/复赛都评一等奖(>20%)/二等奖/三等奖，总获奖率约为80%	一等奖(>20%)/二等奖(省一)/三等奖(省二/省三)，总获奖率约为80%	省队ABE类	金牌集训队(50)/银牌(150)/铜牌(前85%)(国一/国二/国三)	正式选手：国家队队员成绩(4名)；非正式选手：一等奖/二等奖/三等奖(10%、20%、30%)	金牌(1/12)/银牌(1/6)/铜牌(1/4)	公示成绩，测试前25%名单	国际奖项：金牌/银牌/铜牌(前6名)；国内奖项：金牌/银牌/铜牌(10%、20%、30%)	AB组分别评出金牌/银牌/铜牌

12.1 CSP认证与NOIP

CSP 认证原本是中国计算机学会联合华为、360 等十余家知名 IT 企业以及清华大学、北京航空航天大学、国防科技大学等 15 所著名高校推出的计算机软件能力认证（Certified Software Professional），用于评价业界人士的计算机软件能力，属于专业级的计算机职业资格认证。CSP 自 2014 年推出以来，每年大约 3 月、9 月、12 月各举办一次。具体会在后面进行专项介绍。

2019 年 NOIP 取消了，但是 NOI 比赛还需要每个省队参加，所以 CCF2019 年推出了 CSP 非专业级别的能力认证，也叫非专业级软件能力测试，分别为 CSP-J（入门级，Junior）和 CSP-S（提高级，Senior），均涉及算法和编程。CSP-J 代替原来 NOIP 普及组，CSP-S 代替原来的 NOIP 提高组（考两天）。

2020 年 NOIP 又恢复了，但是 CSP-J/S 仍然保留。NOIP 变成只有一个级别，只允许高中生参加，只考一天。因此，CSP-J 代替原来 NOIP 普及组，CSP-S 代替原来 NOIP 提高组的第一天，新的 NOIP 代替原来 NOIP 提高组的第二天。

官方的说明中，CSP-J/S 是认证，非竞赛。但是在 NOI 系列活动，如 NOIP、Online 测试、APIO、冬令营报名等中可能会参考 CSP-J/S 成绩。

所以近几年 NOI 系列的比赛内容和形式基本延续之前的，但是名称变了，后面如果没有特殊说明，都以最新的名称指代。

12.2 CSP-J（原NOIP普及组）

CSP-J 的全称是非专业级软件能力测试入门级，是在同一时间、不同地点以各省市为单位由特派员组织。全国统一大纲、统一试卷。目前报名没有限制，学生和社会人士都可以报名。CSP-J 就相当于数学竞赛的初联。

CSP-J 从 2019 年开始，与以前的 NOIP 普及组完全一样，所以仅仅就是换了一个名字。

CSP-J 分为第一轮和第二轮两个阶段。

第一轮一般是安排在开学不久的周末，距开学最近的一次是 9 月，第一轮考查通用和实用的计算机科学知识，以笔试为主，部分省市以机试方式认证。第一轮认证成绩优异者进入第二轮认证，CCF 将根据 CSP-J/S 各组的认证成绩和给定的分数线，颁发认证证书。

第二轮一般在第一轮结束的一个月之后，距第一轮最近的一次是 10 月，内容为程序设计，须在计算机上调试完成。第二轮认证结束后，CCF 将根据 CSPJ/S 各组的认证成绩和给定的分数线，颁发认证证书。

CCF 确定 CSP-J/S2020 第一轮和第二轮的定级分数线，CCF 各省认证组织单位可根据省（市）情况对分数线进行确定和调整，但一、二、三等级总比例不超过 80%。每年我们都会总结 CSP-J/S 各省历年获奖、晋级分数线。

每个省通过第一轮进入第二轮的人数差别很大，关键是看每个省的机器数量，根据数量最后定分数线。所以在有些省参赛人数比较少，只要参加第一轮一定能进入第二轮，但是有些省分数线就很高。

以北京市为例，前几年基本上就是全员进入第二轮，但是最近几年分数线水涨船高，主要是因为参加人数大大超过了机器的数量，2022 年 CSPJ 第一轮进入第二轮的比例是 27.3%。

对于第一次参加官方比赛的孩子来说，CSP-J 是好的选择，如果孩子有实力拿到复赛一等奖，第二年就可以参加提高级，这也是很多信息学教练们推荐的比赛路径。

CSP-J 第二轮一共 4 道题，时长是 3.5 小时，一般第一道题不考算法，只要学过了部分代码的知识就可以做，第二题考查比较简单的算法，后面的题目难度会逐步提升。所以学过了语法就可以参加，多次参加比赛不断提高经验和水平。

　　大咩是从进入中国人民大学附属中学早培开始正式学习 C++，大概一年多以后第一次参加了 2015 年 NOIP 普及组，初赛前一个月还参加了北京市海淀区的比赛，成绩很不错，所以他参加的时候信心满满，考完了也非常满意。

出成绩的那一天，他因为肺炎还在医院住院，我从网上查到了结果，190分，二等奖，他听到成绩的一刹那眼泪就出来了。

大咩看到了测试数据，第一道题小于或等于只写了小于，减了10分；第三道题粗心没有算模，结果没有得分；第四道题没有编出来，所以最后得分是190。当年一等奖分数线是240，对第三道题大咩很后悔。这也是他第一次爆零的经历。

后来老师对他说，以后不管题目多简单，都要多读几遍。也经常拿他的这段经历告诫其他选手们一定要认真读题。他也经常调侃自己没有拿过普及组的一等奖，有些省市例如南京还出台过政策，如果没有普及组一等奖就不能报名参加提高组的比赛。

网上看其他选手写的文章，提到了他只用了一年多的时间，从普及组二等奖一下子到了后面的国赛银牌，并不知道实际上第一次比赛的成绩是一个意外。

比赛的不确定性很大，尤其是信息学，没有过程分，没有人工参与，全部都是机器自动完成，一点微小的疏忽都可能造成爆零的结果，但这也是竞赛的魅力，选手们都是在一次次的挫折中成长起来的。

信奥非常好的地方就是公开透明，所有人官方比赛的成绩都可以从网上查到，推荐一个选手们做的网站———OlerDb，输入名字就能够看到这个选手的所有比赛成绩。

12.3 CSP-S（原NOIP提高组）

提高组最近两年变化比较大，所以分成两部分来介绍。

先介绍2019年和以前的NOIP提高组，2020年单独介绍。

2019年的CSP-S与以前的NOIP提高组完全一样，这一年仅仅就是换了一个名字。因此，还是以NOIP提高组来描述。

NOIP提高组分初赛和复赛两个阶段。初赛一般是10月，初赛考查通用和实用的计算机科学知识，大部分城市以笔试为主。复赛在11月，内容为程序设计，须在计算机上调试完成。参加初赛者须达到一定分数线后才有资格参加复赛。

NOIP 提高组复赛考试时间是 2 天，每天 3.5 小时 3 道题。不限制报名，参赛的大部分是高中生，但是很多省的初中生和小学生也会报名参加，地位就相当于数学竞赛里的高联，评出的一等奖的奖项就是五大学科的省一，会得到很多学校的认可。

与数学的高联不同，数学的省队基本上是以数学高联成绩的排名来决定，而 NOIP 提高组成绩只作为信息学省队选拔成绩的一部分，还会有其他的选拔考试，这个后面会详细介绍，这也是信奥复杂的地方。

NOIP 普及组和提高组复赛第一天考试时间会安排在同一天，提高组在上午，普及组在下午，因为时间上错开，有些教练会要求选手们都参加，多一次锻炼机会，而有些教练觉得两个都参加会太累，影响选手的发挥，因此要求只选择一项。两种看法都有自己的道理，可以根据孩子特点选择。

例如有些孩子每次两个级别都会同时报名，因为普及组之前限制高中生参加，所以很多水平已经很高的初中生会一直参加到初三。以往的成绩也可以看出来普及组虽然比提高组题目整体简单，但是考满分也不容易，每一年满分选手都是实力非常强、提高组也能取得高分的孩子。

实战说

大咩从初二到高二一共参加过 4 次 CSP-S/NOIP 提高组，最值得记录的是第一次。

2016 年年底大咩第一次参加 NOIP 提高组比赛，考试地点在北京市第八十中学，两天都是从 8：30 到 12：00，那时学校还安排车负责接送，早上 7：20 在中国人民大学附属中学东门上车。

大咩每天早上 6 点多一点就起床，在家吃饭后去中国人民大学业附属中学东门坐车，考完回来基本都下午 1 点多了。每天是 3 道题，每道题满分都是 100 分，2015 年 NOIP 提高组一等奖的分数线是 320 分。

第一天考试并不顺利，大咩回来很不高兴，说考得很差，也不愿意多谈。教练后来给我打电话，说第一天的第 2 题很难，所以做得不顺利，最后影响了心态和策略，导致最后一题没有做好。

教练说大咩还是小孩子性格，不够稳，对自己要求太高，压力比较大，因为之前的训练成绩不错，对自己的成绩很乐观，太想着进省队了。

第一天刚考完教练就和大咩谈了比较久，最后说不要太在意结果，要把自己的水平发挥出来，能力是有的，但是还需要多练。

教练还是非常有经验，谈话也起了作用，第二天大咩没有受影响，发挥了正常水平，回来说估计能得 260~270 分，看到网上的消息大家都觉得今年的题目比以前难一些，好多人也是 D1T2（第一天第二题）不会，分数线肯定会比前一年低。最终 2016 年 NOIP 提高组北京市一等奖分数线是 265。

每次考试都可能会有各种各样的问题，怎么把能力在成绩上表现出来，都需要每个孩子自己亲身经历，不断总结，为将来积累经验。

后来看到了有人在网上发搜集到的成绩，北京市有一个满分，是大咩学校高三的学长，大咩排名并列第 11，前面都是高二和高三的孩子，有 5 个是去年国家集训队的，因为高三不会再次参加省选，所以大咩排在非高三的第 5，前面 4 个高二的选手里有 3 个是去年国家集训队的。

因此，在北京来说，大咩的成绩还是不错的，进入省队很有希望。比赛就是看排名，题目难对每个人都一样，关键是保持好心态。后来的每一次重要考试，爸爸都会提前叮嘱一下：合理分配时间；保持心态平和，遇到困难，不要急躁；仔细；争取正常发挥就好。

经历过了第一年的波折，后面的几次考试相对来说也算是有惊无险。

2017 年复赛考试地点分成了两个地方，分别是朝阳区的北京市第八十中学和海淀区的首都师范大学附属中学。大咩被分到了离家很远的北京市第八十中学考场。约好了和其他两个同学一起参加考试，其中一位家长开车帮忙接送考试。

第一天考完看到他在朋友圈里吐槽了一下机器比较卡，题目难度觉得还行。他说 D1T1 是小学奥数，小学的时候推过类似的结论；D1T3 花的时间比较长，最后都过了测试样例。第二天也比较顺利。

最后大咩的成绩是 570 分，北京市排第三，非高三选手里排第一。作为初三选手，成绩还是很不错的。

2018 年复赛北京考试地点分成了 3 个地方，分别是西城区实验学校、首都师范大学附属中学和北京市第八十中学。也说明了北京市的参赛人数在不断增长，不过还是比数学比赛要少很多。

这一次的考号是根据姓名拼音顺序，然后根据考号顺序分别分配到每个考场，大咩被分到了离家近的首都师范大学附属中学考场。

第一天大咩说 50 分钟就做完了，但是最早只能提前 30 分钟交卷，然后没事情做只好自己编游戏，后来还看到有老师发朋友圈说这件事。day1 比赛结束之后很多人说简单，而且据说前两道都是以前的原题，第三道有一半是原题。

第二天明显题目难了很多，据说只有国集的 ZZQ（竞赛选手们喜欢用拼音指代人名）全部做对，很多人说后面两道题都非常难，看来两天的题目顺序应该改一下。大咩说自己的分数不会超过前一年 NOIday1 的分数（268）。

最终大咩得了 568 分，北京市排名第一。后来才知道全国满分的一共有 4 个选手，3 个是高三的，唯一的高二就是 zzq，国家队第一名的选手。

复赛考点和前一年同样有 3 个，还是按照姓名的拼音顺序安排，不过我们被分到了西城区的实验学校。这一年我自己犯了错，幸好最后有惊无险。

2015 年到 2017 年的考试，我们跑了好几次实验学校，大部分都是数学比赛，分别是 2015 年的初联和初二数学竞赛，2016 年的初联和高联，2017 年的高联和 NOIP 提高组初赛。不过当时都是在实验学校的西门，所以基本是在灵境胡同地铁站下车的。这次安排从国际部的东门进，离西单就比较近。

第一天早上我们比较早就出发，本来也查好了出口，没想到自己脑抽居然上了地铁就想着西直门，带着大咩提前 5 站，从西直门下了地铁，还走到了F1 口，出来才发现下错了站，想打车看着没有车又怕堵车，只好拼命又跑回去坐地铁，还好时间不算晚，到了考场距离考试开始还有十几分钟，不过自己弄了一个大乌龙还是很懊恼的。后面的几天腿都酸得不行。

等考试结束前半个小时就在门口等，因为前一年很多孩子都是提前出来了，这一次看到偶尔有一两个提前出来的，到了时间大咩出来说第三题没调出来，还和其他同学讨论。看来题目比之前要难不少。

第二天我要上课，大咩就自己坐地铁来回。回来说 3 道题基本都做了，不过有可能第二题被卡常（指由于常数原因对代码进行极小的优化）。

之后在 QQ 群里看大家的反馈，入门级的难度和前一年差不多，提高组的题目明显比以往难了不少，有些题是省选或者国赛的难度。

最后结果出来，大咩总成绩是 523 分，排名是北京市第三，前面两位分别是同一届和低一届的选手，大咩之前主要精力还是在数学竞赛上，前两年在北京 NOIP 提高组展现出来的明显优势已经没有了，更多的选手已经赶上来了。可见随着时间的积累，很多孩子水平还是能够提高比较多的。

作为家长，不能亲临比赛现场，题目太难自己不会，也没办法和孩子交流，只能记录一些琐事来留作纪念。

2019 年 NOIP 被取消，2020 年 NOIP 又恢复了，但是与之前相比发生了很大变化。

CSP-S 分成两轮，第一轮相当于之前 NOIP 提高组的初赛，2 小时，第二轮 4 小时，4 道题，满分是 400 分。第一轮相当于以前 NOIP 提高组的第一天。

NOIP 在 12 月举办，一场比赛，4.5 小时，4 道题，满分 400 分。跟 CSPS 第二轮比赛中间隔时间比较久，难度相比以前有了不小的提升。

CSP-S 不限制报名，所有人都可以参加，NOIP 目前只允许高中生参加，要求 CSP-S 非 0 分，很多省允许初中生参与但是不参与评奖。

所以为了理解方便，做一个简单总结。

NOIP 提高组变成了 CSP-S+NOIP，想参加 NOIP 必须报名参加 CSP-S，但是评奖主要是看 NOIP 的成绩。而且只能是高中生获奖，但是非高中生还是可以继续参加。

以往的 NOIP 普及组就变成了 CSP-J，只是改了名字，其他都没有变化。

对于大部分选手来说，水平都是慢慢提高的，信息学和数学比赛一样，高水平的选手都是从小学、初中开始不断参加比赛，在比赛中逐渐成长起来的。

CSP-J/S 和 NOIP 作为每年最权威的比赛，非常推荐孩子参加。

数学竞赛中，进入国家集训队的同学第二年可以不参加高联直接进省队，而信息学选手每年都需要从第一场省赛开始打，因此每场比赛都可以和当年全国最顶尖的选手同场竞技，比赛后参考高手的代码继续学习，也给了所有选手更多的资源共享和学习机会，对于参与竞赛的选手来说，都能获得最大的锻炼。

清华大学从 2017 年年初开始，每年举办信息学冬令营 THUWC，就是根据 NOIP 的成绩。当年大咩作为初二选手受邀参加，冬令营会组织考试，然后获得自主招生的签约，但是因为当时太小，教练怕太早签会影响后面孩子的心态，建议我们最后放弃了签约。

北京大学在 2018 年开始也每年举办信息学冬令营，某年 NOIP 的满分选手直接获得了北京大学的一本签约，现在虽然自主招生已经叫停了，但是这些动作都说明了顶尖名校还是非常看重这些公正的比赛的，竞赛选手在发展兴趣的同时，可能也会带来意想不到升学的优惠。

12.4 NOI省队选拔

每年国内最高级别的信奥 NOI 是线下比赛，全国的孩子聚在一起，由于场地和设备有限，所以每个省都有名额限制。就像全运会一样，为了平衡，实力强的省相对名额会多一些。

数学国赛 CMO 大家习惯叫冬令营，以前是寒假举办，近几年提前到了 11 月，但是名称还是叫冬令营。数学的省队就是根据数学高联一次考试的成绩，同时前一年进入国集的同学和女奥前若干名（前 12 或 15）不占名额。

北京市作为数学强市分配的名额是比较多的，2020 年是作者知道最多的一年，按高联成绩前 24 人，加上不占名额选手一共 30 人。

信息学省队名额分类比较复杂，每年也会有变化，最新的规则分为 A、B、C、D、E5 种。

（1）A 类是基本名额，每个省 5 个，其中一个必须为女生，一共 155 名。

（2）B 类是激励名额，根据各种规则算出来的人数，强省多一些，每个省最多 11~12 个，最少为 0，共约 130 名。

（3）C 类是奖励名额，共 20 多个。

（4）D 类是夏令营名额，根据举办场地规模分配，每个省有若干个名额，省内会根据报名参与选手的成绩排。

（5）E 类是成绩达到省队分数线的初中生名额。

A 类和 B 类选手的名额每年在 CCF 官网上都可以查到，每个省最多 A+B 共 17 人，一般浙江省、广东省、江苏省这些强省会比较多，北京市一般在 11~14 人。

C 类是属于重大贡献奖励名额，当年、前一年、后一年 NOI 承办单位奖励分别为 7、2、2 名；其他重大贡献奖励不超过 10 名。

D 类人数每一年会不太一样，根据场地和报名情况最后确定，北京市前几年参与竞赛的人数少，报名的人也不多，所以竞争没有那么激烈，最近几年随着人数的增加，相对就难一些，北京市 D 类每年会有 10 多个名额。

E 类是去年新出现的类型，专门给初中生。

对于初中生，最早信奥没有限制，与高中生同等待遇。所以大咩的学长从初二起连续 4 年都进入了国家集训队，但是之后不允许初中生进国家集训队，因此大咩初三那年被限制了。2020 年之前，初中生进入省队还是没有变化。

从 2020 年开始，整体排名在省队 A+B 名额之内的初中生可以作为夏令营选手参加 NOI，名额顺延给后面的高中生。这些初中生就是 E 类选手，不能参与评奖。

信息学的规则很复杂，大部分人刚开始接触时都会弄晕。这里做一个总结。

A、B、C 类都属于正式选手，都可以参与金银铜牌和国家集训队的评奖。D、E 类是夏令营选手，不管成绩如何，都不能参与评奖，也就没有资格进入国家集训队获得保送资格，不过可以获得成绩证明。有资格参加 NOI 的选手还是要努力争取，不管是什么类别，因为某些高校会承认 D 类的成绩。

每个省 A 和 B 类选手必须通过省选确定，要进行单独的选拔考试，NOIP 提高组的成绩占比不少于 30%，所以每个省的选拔方式会有所不同。

例如，浙江省和广东省一般会进行两轮的省选，计算公式如下。

$$选手总积分＝NOIP\,提高组成绩×30\%＋第一轮省选成绩×30\%＋$$
$$第二轮省选成绩×40\%$$

2021 年的省选，CCF 又有了如下新的规定。

NOI2021 省选成绩由 3 部分组成：NOIP2020（A）成绩、NOI2021 冬令营（B）成绩和统一省选（C）成绩。组合方式可以是 A＋B（成绩比例 60%＋40%）或 A＋C（40%＋60%）或 A＋B＋C（30%＋30%＋40%）。各省可选择上述 3 种方式之一作为省选方案。

大咩参加了 4 次北京市的市选，每一年的规则都有些变化。

NOI2017 和 NOI2018 北京市选的计算公式如下。

$$省选选手总积分＝NOIP\,提高组复赛总成绩×30\%＋冬令营考试成绩×10\%＋$$
$$集训队结业考试成绩×20\%＋选拔赛成绩×40\%$$

2019 年以后，省选又有了变化，下面分别介绍北京市的冬令营和集训队选拔赛，以及这几年的新变化。

12.5 北京代表队选拔

北京代表队选拔一般会安排在 3—4 月，大咩从 2017 年开始到 2020 年连续参加了 4 年。

1. NOI2017 北京代表队选拔

官方的网站已经变更，所以当年的报名通知网页已经失效，原文内容可以参见我博客转载的文章。

2017 年从 3 月 12 日开始进行，分别安排了集训和比赛。集训一共安排了 5 天，从 3 月 12 日开始的连续 5 个周日，后面两个周日安排了考试，4 月 16 日 1 天集训队结业测试，4 月 23 日 1 天北京代表队选拔赛，共计 7 天。集训队培训结业测试成绩将占选手总积分的 20%，北京代表队选拔赛成绩占选手总积分的 40%。

集训地点安排在首都师范大学附属中学，报名条件是除了高三选手的 NOIP2016 提高组复赛一等奖选手，其他选手也可以非正式队员报名。

与冬令营类似，集训时邀请给选手们培训的也是高水平的老师和同学。大咩当时第一次参加，各方面还不了解，水平也不是很高，也没有特别多的信息，最后只能看到官方最后的省队排名，如表 12.2 所示。

表 12.2 NOI2017 北京代表队名单公示

A 类 选 手				
序号	姓　名	性　别	学　校	年级
1	张宇博	男	北京市第八十中学	高二
2	陈　通	男	北京师范大学附属实验中学	高二
3	王子健	男	首都师范大学附属中学	高二
4	黄　思	男	中国人民大学附属中学	高一
5	兰慧心	女	北京师范大学附属中学	高二
B 类 选 手				
序号	姓　名	性　别	学　校	年级
1	刘明君	男	中国人民大学附属中学	高二
2	朱子健	男	北京师范大学附属实验中学	高一
3	幸京睿	男	首都师范大学附属中学	高一
4	李子恒	男	北京师范大学附属实验中学	高二
5	吕紫剑	男	首都师范大学附属中学	高一
6	邓明扬	男	中国人民大学附属中学	初二
7	汤博文	男	北京师范大学附属实验中学	高二
8	何中天	男	北京市第八十中学	高二
9	李元恺	男	北京师范大学实验二龙路中学	高二
10	张辛宁	男	北京市第八十中学（2016 年获特殊奖励名单）	高二

2. NOI2018 北京队选拔

2018 年的安排比较紧凑，4 月 1 日和 4 月 7 日一共安排了 2 天集训，4 月 14 日 1 天集训队结业测试，4 月 15 日 1 天北京队选拔测试，集训队培训结业测试成绩将占选手总积分的 20%，北京代表队选拔赛成绩占选手总积分的 40%。

集训地点安排在首都师范大学附属中学，报名条件是 NOIP2017 提高组复赛 200

分及以上的选手，当年提高组一等奖分数线是 285，其他选手也可以非正式队员报名，可以说比 2016 年要求低了一些。

2018 年的省选记录的信息就比较多。

实战说

2018 年 NOI 北京队选拔通知的时间比去年晚，集训时间缩短了。地点还是首都师范大学附属中学，大咩每次自己坐地铁来回。

第一天很搞笑，大咩说题特简单，2 小时就做完也检查了，然后要求提前交卷，老师不同意，最多提前半小时交，他就玩了 2.5 小时单机游戏交卷，然后给我打电话说提前交了，反正也没有要改的。

后来大咩回来说有一道题一个情况没想到，只得了 10 分。最后得分 210，有 2 个 220 的排在他前面。他自己也说太浪了，败人品。

第二天还是提前了半小时打电话，说是自己很认真检查了，但是一个多小时还是什么都没有要改的。后来说是出题人测试数据写错了，最后一天是 AK（满分）300，第二名 140 分。

两次测试，加上 NOIP 和冬令营的成绩选拔出北京队，今年北京队一共 13 人，A 队 5 人，B 队 8 人，B 队比去年少了 2 个，中国人民大学附属中学有 4 人入队，CCF 规定一个学校入队不能超过总人数的 1/3，今年孩子们表现很棒！

官方通知是第二天出来的，有个高手孩子自己做了民间的成绩。最后一天大咩运气好 AK（满分）了。

A 队是排名前 4 名 + 女生第 1 名，前 5~12 名为 B 队成员，A 队成员在暑假的 NOI 的比赛中最后成绩会有 5 分的加分。

大咩朋友圈里说自己是北京队长，我问是不是他自封的，他告诉我约定俗成省选第一都是这么叫。我又学了一个信竞相关的知识。

大咩的教练也发了朋友圈，还提到大咩在第二天发现了出题的小问题。今年大咩参加 NOI 还是初中生的身份，没有资格进入国家集训队，希望孩子们好好享受比赛，取得好成绩！

2018 年北京市队有 3 位初三的同学，另外 2 位在后面几年的比赛里成绩也是越来越突出，也是从这一年起，北京信息学的成绩有了很大的进步。表 12.3 是官方公布的 NOI2018 北京队名单。

表 12.3　NOI2018 北京队名单公示

A 类 选 手				
序号	姓　名	性　别	学　　校	年级
1	邓明扬	男	中国人民大学附属中学	初三
2	朱子健	男	北京师范大学附属实验中学	高二
3	吕紫剑	男	首都师范大学附属中学	高二
4	幸京睿	男	首都师范大学附属中学	高二
5	董佳澜	女	北京十一学校	高二
B 类 选 手				
序号	姓　名	性　别	学　　校	年级
1	农钧翔	男	中国人民大学附属中学	高二
2	白行健	男	北京师范大学附属实验中学	高一
3	李白天	男	北京大学附属中学	初三
4	闵烁	男	北京市第八十中学	高一
5	黄思	男	中国人民大学附属中学	高二
6	任憬羿	男	北京师范大学附属实验中学	高一
7	唐嘉辰	男	中国人民大学附属中学	高二
8	黄子宽	男	北京师范大学附属实验中学分校	初三

3. NOI2019 北京队选拔

2019年也安排了集训和比赛，连续3个周末。集训一共安排了4天，分别在4月6日、7日、13日、14日，后面一个周末安排了考试，4月20日集训队结业测试，4月21日北京代表队选拔赛。集训队培训结业测试成绩将占选手总积分的30%，北京代表队选拔赛成绩占选手总积分的40%。

集训地点安排在首都师范大学附属中学，报名条件是NOIP2018提高组复赛245分及以上的选手，并且按照机器数量和报名人员的成绩由高到低依次录取，当年提高组一等奖分数线是300，没有非正式队员的说法了，可以说明参与的选手慢慢变多了。

下面是当时的记录。

实战说

今年NOI北京队选拔规则与往年不同，没有了冬令营，NOIP的成绩占30%，北京集训队结业测试占30%，北京队选拔测试占40%。

这次的安排是4月6日开始的连续3个周末一共6天，前面两周主要是练习赛和培训，最后一周是两次测试。

每个周末大咩自己坐地铁去首都师范大学附属中学，第一天还上台去讲题，不过第一周的练习赛出了一些小问题，成绩一般，还好最后两天的考试成绩还不错。

今年北京队一共12人，A队5人，B队7人，B队比去年少了1人，北京师范大学附属实验中学4人，中国人民大学附属中学3人，北京市十一学校2人，北京大学附属中学2人，北京市第八十中学1人，首都师范大学附属中学1人。今年的新规则初中生以E的身份参加NOI，不占省队名额，北京市第八十中学有一位初三的同学获得了E类资格。

图12.1是集训之后北京队的公示，A队是排名前4名+女生第1名，前5~12名为B队成员，A队成员在暑假的NOI的比赛中最后成绩会有5分的加分。

CCF NOI2019北京队选拔活动结果公示

发布日期：2019-04-22   浏览次数：81   字号：[大 中 小]

根据《CCF关于NOI省队选拔的规定》、《关于组织NOI2019北京队选拔的通知》，由北京青少年科技教育协会组织的CCF NOI2019北京队选拔活动于2019年4月20-21日在首都师范大学附属中学举行。北京队选拔采用上机测试，分为两轮。选手最终成绩由NOIP2018提高组成绩和北京队选拔两次机试成绩按比例产生。省选总分通过以下公式得出：

选手总成绩＝NOIP2018提高组复赛成绩×30%+北京集训队结业测试成绩×30%+北京队选拔测试成绩×40%。（因NOIP成绩满分为600分，其余成绩满分为300分，计算时会将NOIP成绩×0.5，平衡权重）

根据最终评测结果确定CCF NOI2019北京队共12人，现按照报名额数200%公示北京队选拔活动选手总分的前24名：

序号	姓名	学校	性别	年级	NOIP2018成绩	省选成绩	最终标准分	省队资格/类别（备注1/3限制）
1	邓明扬	中国人民大学附属中学	男	高一	568	510	268.2	A
2	李白天	北京大学附属中学	男	高一	494	481	245.5	A
3	黄子宽	北京师范大学附属实验中学	男	高一	483	450	237.45	A
4	时中	北京市十一学校	男	高二	494	420	230.1	A
5	江康平	中国人民大学附属中学	男	高二	479	410	224.85	B
6	曹越	北京市第八十中学	男	初三	473	397	214.75	E
7	张家梁	北京大学附属中学	男	高一	494	380	214.1	B
8	黄亦宸	中国人民大学附属中学	男	高二	435	345	198.75	B
9	欧阳宇鹏	首都师范大学附属中学	男	高一	518	332	198	B
10	白行健	北京师范大学附属实验中学	男	高二	525	325	196.25	B
11	张雨溪	北京师范大学附属实验中学	女	高二	474	326	189.5	A
12	雍梓奇	北京市十一学校	男	高二	494	302	189.4	B
13	任懷羿	北京师范大学附属实验中学	男	高二	489	292	185.65	B
14	董建威	北京市十一学校	男	高二	506	287	182.7	
15	石尚锋	北京市十一学校	男	高二	534	270	180.6	
16	闵乐	北京市第八十中学	男	高二	490	260	177.5	
17	熊高越	首都师范大学附属中学	男	高二	422	291	174.2	
18	张姝睿	北京市第十二中学	男	高二	402	295	173.8	
19	陈启乾	中国人民大学附属中学	男	高二	414	305	173.6	
20	韩沛煊	北京市第八中学	男	高二	420	281	170.9	
21	齐思恺	中国人民大学附属中学	男	高二	494	252	170.4	
22	陈于思	中国人民大学附属中学	男	初三	412	280	169.8	
23	石宣菲	首都师范大学附属中学	女	高一	467	272	169.35	
24	张汉恺	北京市鼎石学校	男	初三	334	327	168.9	

公示期：2019年4月22日—2019年4月28日

投诉、举报联系邮箱：noibeijing@126.com

联系人：张珊

北京青少年科技教育协会
2019年4月22日

图 12.1　NOI2019 北京队选拔公示

最终人算不如天算，因为 NOI 的时间和 IMO 考试时间完全冲突，最后大咩只能遗憾放弃了 NOI，省队名额也依次递补。官方最终在 5 月底又公示了 NOI2019 北京队队员递补的通知，如图 12.2 所示。

图 12.2　NOI2019 北京队队员递补公示

4. NOI2020 北京队选拔

2020 年是不平凡的一年，2019 年 NOIP 取消，改成了 CSP，因为新冠肺炎疫情省队选拔最初只安排了两场测试，分别是 6 月 20 日和 21 日，选拔以选手总成绩由高至低排。

选手总成绩 =CSP-J/S2019 提高级第二轮认证成绩×30%＋北京队选拔第一试成绩×30%＋北京队选拔第二试成绩×40%（因 CSP-J/S2019 提高级第二轮认证成绩满分为 600 分，其余成绩满分为 300 分，计算时会将 CSP-J/S2019 提高级第二轮认证成绩×0.5，平衡权重）。

集训地点安排在首都师范大学附属中学，报名条件是 CSP-J/S2019 提高级第二轮认证成绩达到北京市一等认证分数线的要求（215 分及以上），比之前的要求都要严格一些。

最终因为新冠肺炎疫情的原因，2020 年的北京市选拔没有举办，将 CSP-J/S2019 提高级第二轮认证成绩作为选手的总成绩，确定北京队 A、B 类选手名单。大咩以第三名的成绩入选 NOI2020，如表 12.4 所示。

表 12.4　NOI2020 北京队名单公示

序号	姓 名	学 校	性别	年级	CSP-J/S2019 提高级第二轮成绩	省队资格/类别（备注 1/3 限制）
1	李白天	北京大学附属中学	男	高二	588	A
2	曹越	北京市第八十中学	男	高一	543	A
3	邓明扬	中国人民大学附属中学	男	高二	523	A
4	许庭强	中国人民大学附属中学	男	初三	496	E
5	黄子宽	北京师范大学附属实验中学	男	高二	488	A（同分加试）
6	欧阳宇鹏	首都师范大学附属中学	男	高二	488	B（同分加试）
7	陈驭祺	中国人民大学附属中学	男	高二	465	B
8	王旭佳	首都师范大学附属中学	男	高一	457	B
9	陈于思	中国人民大学附属中学	男	高一	454	B
10	李谨菡	中国人民大学附属中学	女	高二	437	A
11	赵天健	北京师范大学附属实验中学	男	高二	433	B

序号	姓　名	学　　校	性别	年　级	CSP-J/S2019 提高级第二轮成绩	省队资格 / 类别（备注 1/3 限制）
12	殷绍峰	首都师范大学附属中学	男	高一	432	B
13	张景行	北京大学附属中学	男	初三	430	E
14	麻思齐	北京大学附属中学	男	初三	421	
15	张家梁	北京大学附属中学	男	高二	419	B
16	吕敬一	中国人民大学附属中学	男	高一	416	B
17	石宜菲	首都师范大学附属中学	女	高二	413	
18	李春进	中国人民大学附属中学	男	初二	408	
19	周尚	北京市第 159 中学	男	高二	405	
20	董雨润	北京市十一学校	男	高一	385	
21	刘泳霖	北京市十一学校	男	高一	384	
22	刘丞毓	北京师范大学附属实验中学	男	高二	382	
23	刘思远	北京市第一〇一中学	男	初三	373	
24	李欣扬	北京市十一学校	女	高二	368	
25	吴雨洋	北京市十一学校	男	初三	368	
26	齐楚涵	北京市十一学校	男	高一	360	

看最近几年的北京队选拔，参与资格的分数线越来越高，说明目前信息学参与人数在逐年递增，竞争也比之前更激烈。大部分孩子都是通过一次次比赛逐步提高水平的，到了高年级大家的差距就没有那么明显了。

12.6　北京信奥冬令营

与数学省选只看高联成绩相比，信息学省选包括好几轮的成绩加权。因此，随机性相对小很多，但是赛季就比较长。

NOI2017 和 NOI2018 省选计算公式如下。

省选选手总积分＝NOIP 提高组复赛总成绩×30%＋冬令营考试成绩×10%＋
集训队结业考试成绩×20%＋选拔赛成绩×40%

从 2019 年开始，北京信奥冬令营就停止举办了，这里记录一下我们参与的两次。

1. 2017 年北京信奥冬令营

北京信奥冬令营安排的时间是 2017 年 1 月 14—19 日，其中的报名条件，正式营员要求获得 NOIP2016 提高组一、二等奖或者普及组一等奖，没有达到条件的也可以非正式营员报名，限定 50 人。准备入选北京代表队的同学，必须参加冬令营。

当时参与人数不多，基本上有意愿参加的选手都能够获得批准，以下是当时的记录。

实战说

　　最近大咩有点忙，先是一周期末考试，接着参加了北京市信息学冬令营。

　　冬令营中间的一天还有两门学校的考试，分别是地理和思品，都是需要背的课，本来大咩以为可以免考，还高兴了一阵子，结果老师说进入省队才可以申请免考，所以还是没有偷懒成功，逃了一天冬令营去考试。

　　冬令营每年安排在放假之前的一周，一般都在北京师范大学附属实验中学，大咩每天早上约着和高年级的学长一起坐地铁来回，我们就不需要接送他了。

　　冬令营第一天早上是 NOIP2016 的颁奖，下午请了 picks(彭雨翔) 来讲课，大咩说对 picks 仰慕已久，在课堂上积极回答问题，最后还要了签名，由此可见榜样的力量非常大。所以后来我才有了邀请 IOI 国家队队员给选手们分享的想法。

　　后面的几天基本都是早上做题，然后下午讲课，2017 年 1 月 16 日参加学校的考试就没有去，在家参加了 USACO1 月的月赛，17 日讲课老师是范浩强，2011 年 IOI 金牌获得者，同时也是中国人民大学附属中学的学长，北京的冬令营含金量还是非常高的，可以请到水平高的老师来讲课。

　　最后一天是测试，早上 8 点到 12 点半，考了 4 个半小时，一共 3 道题，大咩说自己最后得分 180，排名大概是并列第 3，第一名也是 NOIP 非高三的第一名 WZJ，得分 280。

2. 2018 年北京信奥冬令营

2018 年北京信奥冬令营集训安排是 1 月 20—24 日，考试时间是 27 日，地点在北京师范大学附属实验中学，报名条件与 2017 年一样，要求获得 NOIP2017 提高组一、二等奖或者普及组一等奖，没有达到条件的也可以非正式营员报名，限定 50 人。准备入选北京代表队的同学，必须参加冬令营。图 12.3 是官方的通知截图。

2018 年北京冬令营报名通知

为提高北京选手的信息学奥林匹克竞赛水平，选拔 NOI2018 北京代表队选手，特举办 2018 北京青少年信息学奥林匹克冬令营。望各位选手踊跃报名参加。

培训时间：2018 年 1 月 20—24 日

考试时间：2018 年 1 月 27 日（星期六）

地点：北京师范大学附属实验中学(北京市西城区二龙路 14 号)四会堂报到

报名条件：正式营员：NOIP2017 提高组一、二等奖选手（限高二及以下年级）；普及组一等奖选手。(培训学员限定 50 人，正式营员优先，报满即止)

非正式营员：除正式营员外的其它选手。

报名日期：2017 年 12 月 6 日至 2018 年 1 月 10 日

图 12.3　2018 年北京冬令营报名通知

同样第一天是 NOIP2017 的颁奖，大咔和同班的两个同学都参加了。大咔这一届参与数学竞赛的同学非常多，也取得了很好的成绩，但是参与信奥的人非常少，这也是我觉得遗憾的地方，如果他们参与信奥的话，相信也会取得很好的成绩。

颁奖照片里穿北京师范大学附属实验中学校服的孩子非常多，前几年北京师范大学附属实验中学在信奥的成绩可以说在北京市一骑绝尘，与浙江省在全国的地位差不多，不过最近几年很多学校参与的人数越来越多，尤其是中国人民大学附属中学，越来越多学数学的同学开始同时参与信奥。

培训同样邀请了北京市高水平的学长们给大家讲课。其中有刚获得 IOI2017 世界第 2 的 XMK，还有高三一届高水平的选手们，他们都在 NOIP2017 获奖名单上，虽然不能再参加后面的省选选拔，但是大部分高三选手还是会在最后一年友情参加 NOIP。

最后考试，大咩排名第二，他的学长中国人民大学附属中学高二的 HS 排名第一。

12.7 NOI

类比全运会，NOI 是国内信息学顶级的赛事，全称是全国青少年信息学奥林匹克竞赛，大咩从初二就开始参加。

也是比较幸运，北京市竞争相对小，进入省队比较容易，有多次锻炼的机会。如果在浙江省、江苏省这样的省，很多优秀的选手进入省队就很难，省选或者 NOIP 稍有不慎就止步了。

所以在强省，最难的是进入省队。

NOI 除了个人排名，还会有团体排名，一般评出前 8 名，团体计分是看 A 队的 5 名成员的成绩，因为 A 队必须有一名女生，往往女生的成绩就很关键。

大咩初二进入省队是意外之喜，去参加比赛相对压力没有那么大，相比其他家长全程陪同，我们最初就没有陪，后来基本上每年数学和信息都需要去外地参加国赛，大咩都是跟着教练和领队去参加。

NOI 所有的信息都是通过官网或者各种群来搜集。

1. NOI2017

2017 年第 34 届 NOI 由绍兴市第一中学承办，7 月 17—23 日在古城绍兴市举行。

共有来自全国 30 个省市自治区（含香港、澳门特别行政区）的共计 592 名（包括非正式选手）师生参加竞赛，其中正式选手 297 名、教师 155 名。

经过激烈角逐，最终产生金牌 60 枚、银牌 90 枚、铜牌 95 枚。

在现场同期举行的 NOI2017 邀请赛中，共有 140 名选手参加，也就是 D 类选手，最终有 10 人的分数在金牌分数线以上、40 人的分数在银牌分数线以上、70 人的分数在铜牌分数线以上。

清华大学、北京航空航天大学、北京大学、中国人民大学等 14 所国内著名高校参加现场宣讲和招生，并以现场签约或高考分数线降分的形式向获奖选手抛出橄榄枝。

本届竞赛，来自北京市的有北京市第八十中学、北京师范大学附属实验中学、中国人民大学附属中学、首都师范大学附属中学、北京师范大学附属中学、清华大学附属中学等 23 名选手参赛。

北京代表队在本次竞赛中共获得 4 枚金牌、7 枚银牌、10 枚铜牌，团体总分第八名，4 名金牌选手全部入选国家集训队。

其中来自北京市第八十中学的 HZT 和 ZYB 获得总排名第三名和第九名的好成绩，其他获奖选手保送或预录取清华大学、北京大学、复旦大学、上海交通大学等全国著名高校。

 **实战说**

　　最后大咩获得了 NOI 银牌，也是获奖选手里唯一一名初二的选手，比赛中见到了一些冬令营认识的同学们，考完后和山东省的选手们一起玩狼人杀过得很开心。

　　这一年比较有趣的是第一届有了企业冠名，"Face++ 旷视杯"，可能因为创始人们都是 oier 选手吧，衣服是两套短袖短裤套装，还有一个电脑包。

2. NOI2018

第 35 届 NOI2018 由长沙市雅礼中学承办，于 7 月 16—22 日在湖南省长沙市雅礼洋湖实验中学举行。

共有来自全国 31 个省市自治区（含香港、澳门特别行政区）的共计 675 名（包括非正式选手）师生参加竞赛，其中正式选手 316 名、教师 179 名、观摩团 24 名。

经过激烈角逐，最终产生金牌 64 枚、银牌 95 枚、铜牌 103 枚。

在现场同期举行的 NOI2018 邀请赛中，D 类选手共有 156 名选手参加，最终有 8 人的分数在金牌分数线以上、46 人的分数在银牌分数线以上、73 人的分数在铜牌分数线以上。

北京市共有 25 名学生参加本次比赛。图 12.4 是当年 NOI 北京队合影。

图 12.4　2018 年 NOI 北京队合影

通过选拔，北京市选手共取得 3 枚金牌、5 枚银牌、6 枚铜牌。获得团体总分第四的好成绩。

A 类选手 5 名获得 3 金 1 银 1 铜，B 类选手 8 名获得 4 银 4 铜。

其中来自中国人民大学附属中学的 DMY 同学获得总排名第七的好成绩。北京师范大学附属实验中学的 ZZJ 和首都师范大学附属中学的 LüZJ 入选国家集训队，同时获得清华大学保送资格。

除此之外，8 名高二选手取得清华大学、中国人民大学、浙江大学、上海交通大学等高校优惠入学政策。

　　这一年大咩成绩不错，但是因为是初中生不能进入国家集训队。比较意外的是这一年浙江省没有进入团体前八名，大家都戏谑说浙江省是反向省选，很多高手都没有进入省队，这也是竞赛的魅力所在，不到最后一刻，永远不知道最后的结果。

　　这一年的颁奖也比较有仪式感，每个孩子上台的时候背景会放照片和介绍，感觉非常震撼。

　　这一年衣服是两件不同颜色的短袖 T 恤，一件白色，一件深蓝色。只在胸前有 NOI 的标志。

3. NOI2019

　　2019 年的 NOI 大咩没有参加，信息都是网上整理的。

　　2019 年 NOI 是第 36 届，由广州市第二中学承办，7 月 14—20 日在羊城广州市隆重举行。

　　本次 NOI 共有来自全国 31 个省市自治区（含香港、澳门特别行政区）的共计632 名（包括非正式选手）师生参加，其中正式选手 309 名、教师 180 名。经过激烈角逐，最终产生金牌 51 枚、银牌 102 枚、铜牌 110 枚。

　　在现场同期举行的 NOI2019 夏令营中，共有 143 名选手参加，最终有 2 人的分数在金牌分数线以上、47 人的分数在银牌分数线以上、80 人的分数在铜牌分数线以上。

　　清华大学、北京航空航天大学、北京大学、中国人民大学等 14 所国内著名高校参加现场宣讲和招生。

　　北京市共有 24 名学生参加本次比赛。其中正式选手 15 名。

　　北京市正式选手共摘得 2 枚金牌、7 枚银牌、5 枚铜牌，获得团体总分第七的成绩。

　　其中 A 类选手 5 名获得 2 金 3 银，B、C 类选手 10 名获得 4 银 5 铜。

　　20 名选手获得清华大学、北京大学、中国人民大学、北京邮电大学等高校优惠入学政策。

4. NOI2020

　　第 37 届 NOI 由湖南省长沙市第一中学承办，于 2020 年 8 月 16—21 日在长沙市第一中学雨花新华都学校拉开帷幕。

　　本次 NOI 共有来自全国 27 个省市自治区的 300 余名（包括非正式选手）信息学顶尖选手参赛。经过顶尖的智慧竞赛，最终产生金牌 50 枚、银牌 150 枚、铜牌 56 枚。

　　在现场同期举行的 NOI2020 夏令营中，D 类选手最终有 4 人的分数在金牌分数线以上、40 人的分数在银牌分数线以上、22 人的分数在铜牌分数线以上。

丁同学（南京外国语学校）以金牌第 35 名的成绩获 NOI2020 最佳女选手。

NOI2020 团体总分前八分别是：浙江省第一、江苏省第二、北京市第三、湖南省第四、四川省第五、广东省第六、福建省第七、山东省第八。

北京市共有 28 名学生参加本次竞赛，其中正式选手 14 名，如图 12.5 所示。

图 12.5　NOI2020 北京队合影

北京市正式选手共摘得 4 枚金牌、5 枚银牌、4 枚铜牌，也是团体总分近几年最好的一次。

北京师范大学附属实验中学 HZK、中国人民大学附属中学邓明扬、北京大学附属中学 LBT、首都师范大学附属中学 OYYP 入选国家集训队。

实战说

　　大咩说吃饭的时候看到了杜子德秘书长，他告诉大咩，这个辣椒看起来是红色的，其实不太辣。

闭幕式的颁奖上，王宏博士给大咩颁奖，说很不容易，总算进集训队了，如图 12.6 所示。看来老师们都认识大咩，也都很清楚他的经历，因为王宏博士也找过教练，要过大咩的情况，在 CCF 的会议讲稿里，介绍一些奥赛选手。

图 12.6　2020 年第 37 届 NOI 颁奖现场

这一年衣服是两件短袖衬衣，分别是黄色和白色，还有一个电脑包。

5. 小结

NOI 是国内最高水平的比赛，能够去现场和当年最顶尖水平的同学同场竞技，是非常好的机会。

NOI 最重要的环节是选出 50 人的国家集训队，这些选手都不需要参加高考直接保送。保送的资格对个人来说，会在本人正常高考的年份生效。

比赛中的 A、B、C 类选手是正式选手，有资格获得各类奖项和进入国家集训队，A 类选手的优势在于最后的总成绩会有 5 分的加分。

D 类选手不能参与评奖，但是可以获得成绩证明，因为信奥的公正透明，有些高校认可 D 类选手的成绩，有可能获得和正式选手类似的待遇。所以如果有资格获得 D 类的选手，还是尽量争取，国赛的经历对每个选手都非常宝贵。

E 类选手是达到省队分数线的初中选手，省队分数线的设定也比较特别，先不分年级排名，按省队名额划出分数线，如果里面有初中选手，这些选手不占名额，成为

E 类选手，名额顺延给后面的高中选手。

所以可能会出现这个现象——初中生分数高，但是去不了 NOI，比他分数低的高中生却进了省队。

如表 12.5 所示，2021 年的上海队，因为省队名额只有 9 个，所以就出现了这种情况。

表 12.5　NOI2021 上海队入选名单公示

序号	姓名	学　校	性别	年级	NOIP2020成绩	省选成绩	最终标准分	省队资格/类别（备注 1/3 限制）
1	万成章	华东师大二附中	男	高一	300	208	99.22	A
2	管晏如	华东师大二附中	女	高一	302	163	91.05	A
3	林瀚熙	复旦大学附属中学	男	高一	249	210	89.47	A
4	李星汉	上海市上海中学	男	高二	265	138	78.93	A
5	薛亿杰	上海市民办华育中学	男	初三	259	123	74.89	E
6	顾奕成	上海市实验学校	男	高二	229	152	74.45	A
7	郭羽冲	上海市民办华育中学	男	初三	264	107	72.83	E
8	赵鹏宏	华东师大二附中（紫竹校区）	男	高二	190	175	71.08	B
9	王又嘉	华东师大二附中	男	高一	229	132	70.64	B
10	肖子尧	上海市市北初级中学	男	初三	214	147	70.52	
11	汪树荣	上海市梅山高级中学	男	高二	220	138	69.99	B
12	张迅华	华东师大二附中	男	高一	229	123	68.93	B
13	胡予衡	上海外国语大学附属外国语学校	男	初二	215	131	67.67	
14	柯绎思	上海市实验学校东校	男	初三	229	102	64.93	
15	冯睿阳	上海外国语大学附属外国语学校	男	初三	169	150	62.15	
16	吕思源	华东师大二附中	男	高一	174	135	60.28	
17	魏兰沣	上海民办张江集团学校	男	初三	150	150	58.37	
18	袁得葳	上海包玉刚实验学校	男	高二	163	134	57.91	
19	何昭琛	上海市实验学校	男	高一	201	94	57.84	
20	柯恽憬	上海市实验学校东校	男	初三	189	102	56.98	
21	孙圣尧	华东师大二附中	男	高二	209	78	56.38	

序号	姓名	学校	性别	年级	NOIP2020成绩	省选成绩	最终标准分	省队资格/类别（备注1/3限制）
22	黄晨轩	上海市上海中学	男	高二	184	103		

中国人民大学附属中学的 ZSY 同学是获得 NOI 金牌暨进入国家集训队次数最多的选手，他从 2013 年初二开始，连续 4 年进入国家集训队，创造了历史，可以说前无古人后无来者。表 12.6 展示了他参加信奥的成绩。

表 12.6　获得 NOI 金牌次数最多选手的成绩

ZSY，现在高中毕业 6 年

获　奖	分　数	选手排名	就　读　学　校	年　级
NOIP2016 提高一等奖	560	65	中国人民大学附属中学	高三
NO2016 金牌	556	17	中国人民大学附属中学	高二
NOIP2015 提高一等奖	565	78	中国人民大学附属中学	高二
NO2015 金牌	639	10	中国人民大学附属中学	高一
CTSC2015 金牌	—	5	中国人民大学附属中学	高一
WC2015 金牌	—	5	中国人民大学附属中学	高一
NOIP2014 提高一等奖	525	213	中国人民大学附属中学	高一
NO2014 金牌	520	53	中国人民大学附属中学	初三
CTSC2014 铜牌	139	66	中国人民大学附属中学	初三
APO2014 金牌	244	7	中国人民大学附属中学	初三
NOIP2013 提高一等奖	600	1	中国人民大学附属中学	初三
NO2013 金牌	494	6	中国人民大学附属中学	初二
APO2013 银牌	96	36	中国人民大学附属中学	初二
NOIP2012 提高一等奖	420	256	中国人民大学附属中学	初二

从 2015 年开始，信息学出台了规定，只有高一或者高二的选手才有资格进入国家集训队，如果是初中选手，可以获得金牌，但是不能进入国家集训队获得保送的资格。

每一年 NOI 都会有几位初中生超过了国家集训队的分数线，他们一般都会在后面几年中表现优异，在高中进入国家集训队，有些进入了国家队。

再次推荐 OierDb 这个网站，能够查到选手历年官方比赛的奖项和排名，输入姓名的首字母就可以查询，同时还有根据年级、学校、省份等各种分类的排名。这个网站也是 oier 选手们做的。

除了获得保送资格，其他选手根据不同的成绩，也会获得高校在升学方面的各种优惠条件。

北京市的选手在国赛中的水平整体是逐渐提升的，每年团体的排名，主要还是受当年 A 队女生的成绩影响更大一些。大咩说 2018 年北京市能够获得团体第四名关键是女生比较强。

各省份之间的差距也在慢慢变小。主要原因是最近几年信息学的强校之间、选手们之间互相交流比较多，线上的资源丰富，使得地域不再是限制选手水平的主要因素。

下面介绍其他全国级别的比赛。

12.8 NOI冬令营（Winter Camp）

介绍完了最重要的全运会 NOI，下面介绍其他的全国比赛。信奥各级别比赛多、流程长，刚开始参与时非常容易晕。

这一篇先写我们参与的体验，后面再细说官方的规则。

实战说

大咩最早参与的是 2017 年冬令营，中间两年因为精力主要在数学比赛，后来参加了 2020 年和 2021 年的冬令营。

我们第一次参加时，对信奥整个流程都不太了解，教练问要不要报名，糊里糊涂就报了。

这是大咩正式去外地参与信息学相关的比赛，之前他都是去参加各种数学比赛。

这次比赛北京科协派出了领队老师，教练和家长都没有去，中间大咩身体不舒服，老师还带着去了一趟医院。现在说起来虽然云淡风轻，但是当时确实还是比较揪心的。

因为当年清华大学还组织了第一届信息学体验营，邀请了NOIP400分以上的选手，需要从绍兴市去杭州市，学校没有同路的选手，老师也不去，但是教练还是建议去体验一下。所以冬令营最后一天我去接他，到了他们住的宿舍，在现场拍了几张照片，然后一起坐高铁去杭州市。

也因此机缘巧合在去接他的公交车上，遇到了当年传奇选手南京外国语学校dlh的家长，作为信奥萌新（信奥术语）的家长，了解了数竞和信竞的某些规则。

这次也是大咩难得发朋友圈，详细地写了冬令营过程。里面的人名很多都是网名或者缩写，这也是竞赛圈里大家最常用的方式。

1. NOI2017冬令营

2017年第34届NOI冬令营时间是2月3—10日，由浙江省绍兴市第一中学承办，这是绍兴市第一中学继承办NOI2008年后又一次承办NOI赛事。

本次冬令营有来自全国28个省市自治区的共计578名学生及111名教师参加。经过4天的第一、二课堂并行授课、讨论、集训队选手交流与考试，最终产生一等奖56名、二等奖104名、三等奖162名。

不仅如此，国家集训队50进15的评选结果也在本次冬令营尘埃落定。最终代表中国参加IOI2017的4名选手将在5月举行的中国队选拔赛（CTSC2017）中确定。

下面是当时的记录。

今年寒假也很忙，主要是信息学的活动。北京市的冬令营结束没几天，大咩又去绍兴市第一中学参加了2017年全国青少年信息学奥林匹克冬令营，接

着去杭州市参加 THU 体验营。

今年参加 NOI 冬令营的人数近 600 人，比以往多了将近一倍。4 日到 7 日安排的都是培训，8 日测试，9 日安排了游览和闭营仪式。组织得也很好，尤其是吃，大咩是赞不绝口。讲课的内容还是很多的，有不少没学过的东西，总之这次收获很大。

闭营仪式上，前 100 名的选手上台领了奖状，大咩这次获得了二等奖，也很幸运地上台了。这次他们学校的 3 位同学，ZSY 获得了集训队前 15 名，另外一位同学 LMJ 获得了一等奖，北京市有 2 位同学进入了集训队前 15 名，应该是最近几年的最好成绩，这次活动北京大学签了一些分数比较高的孩子。

总之，这个第一次参与的全国性大赛，我们都是比较懵的状态。之后我才知道官方会有 QQ 群，全国的家长都会在群里，各种通知消息和照片一般会在群里发。

当年的获奖名单里，大咩是唯一的初二选手，研究名单会发现，初三的选手在进入高中以后基本都是很著名的同学；还发现了一个比大咩还小的，居然是一个小学六年级的女生，她同样在以后的比赛里非常闪耀。

2020 年和 2021 年冬令营因为疫情的关系，规则和以往相比有了比较大的变化。

2. NOI2020 冬令营

NOI2020 冬令营原计划于 2020 年 2 月 1—8 日在长沙市第一中学雨花新华都学校举行。国家集训队 50 进 15 的评选结果也会在冬令营确定。因为新冠肺炎疫情的原因，最终比赛全部改成了线上举行。

因此这次比赛就成为了娱乐赛，测试由学校负责，教练们把本校孩子们组织在一起考试。听说第 3 题出锅（出问题），测试数据错了，但是估计成绩也不会再修改了。

大咩最后排名第 3，前面两位都是高一的选手。

北京市考生共 22 人，其中金牌 4 人，银牌 5 人，铜牌 13 人。

来自中国人民大学附属中学共有 7 人，获得 2 金 1 银 4 铜；北京大学附属中学 6 人，与中国人民大学附属中学相差 1 人；清华大学附属中学、北京市第八十中学、北京师范大学附属实验中学各 2 人；首都师范大学附属中学、十一学校、159 中各 1 人。

本次冬令营最小的选手是上海市的一位小学六年级的同学，北京市也有两位初一的孩子，看来北京市、上海市成为信息学一流省份指日可待了！

下面是官方的报道。

NOI2020 冬令营于 8 月 1—6 日顺利举行。

受新冠肺炎疫情影响，本次冬令营延期半年举行，且形式由现场活动改为线上，本次活动共有来自全国 26 个省市自治区的 570 名营员参加，其中学生营员 486 人，教师营员 84 人。

8 月 5 日，学生营员举行在线同步测试。受疫情影响，学生营员在本校由教师监考测试，但令人欣喜的是，教师和学生都能严格做到自觉遵守考试纪律，杜绝作弊，保证测试的公平公正。

经过角逐，最终本次冬令营共产生金牌 47 名、银牌 97 名、铜牌 137 名。图 12.7 可以看到本次集训队选手成绩和分数线，图 12.8 是金牌前 7 名的选手。

冬令营测试 集训队选手与非集训队选手总体成绩

选手分类	参加人数	最高分	200分以上人数	100~200分人数	所有选手平均分	非零分选手平均分
集训队	43	235	8	14	102	142
非集训队	443	200	2	80	57	68.5

各题目平均分比较表

非零分选手	tree	game	courses	非零分选手平均分
集训队	50	63	29	142
非集训队	27.75	25	15.75	68.5

NOI2020冬令营测试获奖分数线

	金牌	银牌	铜牌	获奖人数与比例
非集训队443人	130分	75分	35分	281人
获奖比例	10.6%	21.8%	31%	63.4%

图 12.7　NOI2020 冬令营选手成绩分析

图 12.8　NOI2020 冬令营金牌前 7 名

姓名	省份	学校	年级	总分
陈栎旷	福建	福建省长乐第一中学	高二	180
张隽恺	四川	成都外国语学校	高一	185
徐舟子	湖南	湖南省长沙市长郡中学	高二	185
殷跃然	安徽	安徽师范大学附属中学	高一	185
邓明扬	北京	中国人民大学附属中学	高二	195
丁晓漫	江苏	南京外国语学校	高一	200
彭博	广东	广州大学附属中学	高一	200

3. NOI2021 冬令营

NOI2021 冬令营仍然是线上举行，不过集训队选手们集中在线下参加集训和测试。这一次也是大咩参加的最后一次 NOI 冬令营。

这一年的国家队选拔规则与之前有所不同：NOI 选拔前 50 名进入国家集训队之后，国家队的选拔分成 3 个阶段：第一阶段通过 4 次考试选拔前 30 名作为候选队员；第二阶段冬令营 2 次考试选拔取前 6 名参加论文答辩及面试；第三阶段 NOI 科学委员会根据选手答辩及面试成绩确定 IOI2021 中国国家队 4 名选手。

选手们被安排住在燕山大酒店，刚好离家比较近，1 月 30 日报到那天走路送他过去，他和北京市的另一个选手被安排在一个屋。

前两天的集训，选手们去中国科学院计算技术研究所，后两天的测试安排在酒店，最后一天的答辩也在中国科学院计算技术研究所。因为进入了最后的答辩，头一天晚上把西服给他送了过去，这套西服是 2019 年他参加 IMO 时中国队定制的雅戈尔西服。

我也申请在线上观看了国家队选手的答辩，大咩明显语速太快，可能内容太多，怕讲不完。

经过了考试和 6 日早上答辩之后，大咩很幸运成为北京市的第 15 位、中国人民大学附属中学第 2 位信息学国家队选手。

下面是官方的报道。

由中国计算机学会（CCF）主办的 2021 全国青少年信息学奥林匹克冬令营（NOI2021 冬令营）于 2 月 1—6 日顺利举行。本次冬令营为线上活动，共有来自全国 25 个省市自治区的营员参加。

2 月 5 日，学生营员举行在线同步测试。经过角逐，最终本次冬令营共产生金牌 148 名、银牌 267 名、铜牌 416 名。图 12.9 是冬令营金牌前 8 名的名单。

姓名	性别	省份	学校	总分
吴天意	男	安徽	合肥市第一中学	240
罗恺	男	湖南	长沙市雅礼中学	244
常瑞年	男	重庆	重庆市巴蜀中学校	250
修煜然	男	浙江	杭州第二中学	250
宣毅鸣	男	浙江	宁波市镇海蛟川书院	260
唐绍轩	男	山东	山东省平邑第一中学	270
胡杨	男	浙江	杭州第二中学	300
戴江齐	男	江苏	南京外国语学校	300

图 12.9　NOI2021 冬令营金牌前 8 名

本次冬令营与往届冬令营相比，还肩负着 IOI2021 国家队选拔的任务。经过前期的作业、集训及冬令营期间的两次选拔测试和一轮答辩，最终，YHX（宁波市镇海中学）、DMY（中国人民大学附属中学）、QY（宁波市镇海中学）和 DCX（广州市第二中学）

脱颖而出，他们将代表中国参加 2021 年 6 月举行的 IOI2021。

4. NOI 冬令营的规则

全国青少年信息学奥林匹克冬令营（Winter Camp），简称 WC，举办的时间基本在寒假。组织的单位一般和当年 NOI 相同，地位相当于是一个全国锦标赛，50 名集训队选手会选出 15 个人的预备队，其他的选手会评选出各种奖项。

NOI 冬令营营员包括学生和教练，又分为正式营员、非正式营员和超额营员。

正式营员由上年 NOI 选拔出的中国国家集训队队员及其教练组成，当年冬令营承办学校可另派至多 6 名学生或教练作为正式营员。

WC2011（即 NOI2010）及以前，中国国家集训队队员共 20 人；WC2012（NOI2011）及以后，中国国家集训队队员共 50 人。

下面以最新的线下 WC2020 营员招收条件为例。

1）正式营员

① IOI2020 国家集训队队员及其辅导教师各 1 人。

② 冬令营承办单位可另派 6 名教师或学生作为正式营员。

正式营员有放弃参加冬令营的权利，但此权利不可转让。

2）非正式营员

① 每省可派教练 1 人（如已有教练作为正式营员，则不再有该名额）。

② 各省享有的非正式营员（学生）的额度以该队队员在 CCF NOI2019 竞赛中第 51~70 名中的人数为限，共 20 名。其中安徽省 1 名、北京市 4 名、福建省 1 名、广东省 2 名、湖南省 3 名、吉林省 1 名、江苏省 2 名、山东省 3 名、山西省 1 名、陕西省 1 名、浙江省 1 名。具体营员由各省特派员按照 CSP-J/S2019 第二轮成绩确定。

③ 除①、②两项外，各省可再报非正式营员：教师 1 名，学生 5 名。

④ 冬令营承办单位所在省份除已有名额外，可另派 6 名非正式营员，付费标准同正式营员。

3）超额营员

正式／非正式选手、教师之外，超出数量的为超额营员，超额营员最终能否参加，需经 CCF 根据总体报名情况决定。

冬令营共持续 8 天，除第 1 天报到日、第 8 天疏散日外，其余 6 天为冬令营活动日。

冬令营活动项目包括授课、讨论、国家集训队队员交流、上机练习、CCF 中小学计算机程序设计教学比赛、冬令营测试、社会活动等。

CCF 中小学计算机程序设计教学比赛面向各校教师，国家集训队队员交流、上机练习和冬令营测试面向各参营学生。

授课活动分为第一课堂和第二课堂，第一课堂主要面向学生，第二课堂主要面向教师，但无论学生和教师均可自由决定参加第一课堂还是第二课堂。

第一课堂的内容要比第二课堂难，一般是历届的高水平选手来讲课。

冬令营测试面向各参营学生，正式营员、非正式营员和超额营员使用相同试题，在相同时间进行测试。但为提高竞赛的区分度，正式营员的评分标准可能和其他选手不同。

除了集训队选手，其他的选手是自愿报名，所以无缘参与 NOI 的选手也多了一次参加全国大赛的机会，集训内容和比赛的试题水平都非常高。冬令营一般和后面暑假的 NOI 举办单位会是同一个。

最近这两年因为疫情的关系，比赛从线下转到了线上，允许参与的人增加了，如果有 NOI 实力的选手建议参加，因为同样是与当年最高水平的选手同场竞技的机会。

12.9　IOI国家队选拔赛CTSC

CTSC 是英文 ChinaTeamSelectionContest 的缩写，原来的中文名称是中国队选拔赛暨精英赛，网上查到大概是 1992 年就有了这个比赛，官网可以查到 2010 年以后的获奖名单。

比赛最主要的目的是选出 4 人的 IOI 国家队。早期参与选拔的选手是 NOI 前 20 名的集训队成员，之后集训队变成 50 人，中间又多了一轮选拔，会先选出国家队预备队，之后在 CTSC 最终选出 4 人。预备队的名额每年也会有不同，经历了 12 人、15 人、30 人等变化。

除了参与国家队角逐的种子选手之外，比赛也同样允许其他选手报名参加，所以 CTSC 与冬令营类似，也可以算是又一个全国锦标赛。

CTSC 时间一般是安排在 5 月，地点基本都是在北京市，与另一个比赛 APIO 在一个时间段，也算是信息学选手们在春天里的另一个大型聚会，网上能够查到很多选手写的两个比赛的游记。

2019 年 CTSC 名称改成 CTS，中文改成中国队选拔，后面的两年因为疫情的关系，活动都没有举办，国家队选拔提前到冬令营的时间举办，不知道将来这个活动是否会恢复。

 实战说

> 大咩只参加了 2019 年的比赛，前几年可以报名，但是各种事情比较多，我对比赛也不太了解，都没有参与。2019 年的时间刚好是 IMO 国家队第一阶段集训结束，从南京市回来的当天就去报到了。
>
> 预备队员的 15 名正式选手和其他选手所在的考场不同，排名也会分开。
>
> 整个过程应该都比较欢乐，最后大咩获得了非正式选手的第二名。

下面是官方的报道。

由 CCF 主办、首都师范大学附属中学承办的第 31 届国际信息学奥林匹克中国队选拔（CTS2019）于 2019 年 5 月 12—16 日在北京举行。

作为国内青少年信息学奥林匹克每年难度最高的选拔，IOI2019 的 15 名国家队候选队员展开激烈角逐。经过前期作业、选手互测、集中测试、选手交流、论文答辩与口试等环节，最终 CCF 选拔出 IOI2019 中国代表队 4 位选手，他们是：钟子谦（福州第三中学）、王修涵（成都市第七中学）、杨骏昭（南京外国语学校）、高嘉煊（中山纪念中学），4 位选手将代表我国参加 8 月 4—11 日在阿塞拜疆举行的国际信息学奥林匹克竞赛（IOI2019）。

CTS2019 举办期间，除 15 名正式选手外，还有来自全国 23 个省市自治区的 498 名精英选手及 50 名教师参与本次活动。活动最终产生金牌 53 名、银牌 103 名、铜牌 157 名。

整个信息学选拔流程中的正式比赛全部介绍完了，可以看到还是会有各种变化，

不变的是选手们互相切磋、不断追求卓越的过程。

12.10　国际信息学奥林匹克竞赛IOI

国际信息学奥林匹克竞赛（International Olympiad in lnformatics，IOI）是五大国际学科奥林匹克竞赛之一，是中学学科竞赛的奥运会项目。

首届 IOI 于 1989 年 5 月在保加利亚布拉维茨举行，有 13 个国家 16 支代表队的 46 名选手参加，共决出 6 枚金牌、5 枚银牌、7 枚铜牌。图 12.10 是首届 IOI 的徽标。

最近一次的 IOI2022，由印度尼西亚主办，有来自全球的 357 名正式选手参赛，共决出 30 枚金牌、59 枚银牌、91 枚铜牌和若干荣誉提名奖。图 12.11 是 IOI2022 的徽标。

图 12.10　首届 IOI 徽标

图 12.11　IOI2022 徽标

截至 2022 年，IOI 已经举办了 34 届，共有 106 个国家和地区的 8546 位选手参与这个国际赛事，累计金牌 768 枚、银牌 1482 枚、铜牌 2174 枚。

个人获得 IOI 奖牌数量最多的是白俄罗斯的传奇选手 Gennady Korotkevich，著名的 tourist，从 2006 年到 2012 年共参加过 7 次 IOI，获得 6 枚金牌和 1 枚银牌。

在五大竞赛中，中国在首届信息学奥林匹克竞赛就获得参赛资格，同时首届竞赛的试题原型由中国提供。代表中国出征的 3 位选手是河南师范大学附属中学柴海新、北京师范大学实验中学杨洪波和中国人民大学附属中学庄骏，清华大学计算机科学与技术系副教授吴文虎为团长。

那是一次来回要坐两个八天八夜火车的艰苦出征，历时 1 个多月，行程数万里。但是，这是我国青少年信息学活动从中国走向世界的起点，也就是从这一年开始，信息学成为和数学、物理、化学、生物四大学科竞赛"平起平坐"的项目。

在这种世界级别的智能大赛中，中国选手们给参赛国的领队和选手留下了深刻的印象，盛赞"中国队是整体实力最强的队"。截至 2022 年，中国队历史上参赛选手共获得金牌 96 枚、银牌 27 枚、铜牌 12 枚，奖牌总数 135 枚。金牌数和奖牌数都位列世界第一，如图 12.12 所示。

Participation in IOI (based on database records)
- First participation: 1989
- Years participated: 34
- Contestants participated: 121

Perfomance in IOI
- Gold medals: 96
- Silver medals: 27
- Bronze medals: 12
- Honourable mentions: 0

图 12.12　中国队参加 IOI 数据统计

中国选手们也创造了很多历史记录：

（1）第 4 届 IOI1992（德国），在发奖大会上，组委会为金牌得主设置了 6 台高档微型计算机，中国队捧回了 3 台。

（2）第 6 届 IOI1994（瑞典），在比赛中黄天明同学编写的程序比组委会的标准答案运行速度快了 20 倍，组委会非常欣赏，派专人到中国队驻地索取源程序。

（3）第 7 届 IOI1995（荷兰），中国队首次派女选手参加 IOI，两位女选手杨域和林凌荣登金牌领奖台，填补了国际信息学赛事上女选手从未拿过金牌的空白，引起轰动。

（4）第 8 届 IOI1996（匈牙利），中国队经努力拼搏，4 名选手夺得 4 枚金牌，实现了全"金"的突破。

（5）中国队分别在 1996、2004—2007、2012—2014、2018、2020、2021、2012 共 12 年取得了全"金"战绩。

（6）中国队的 4 名队员分别在 2021 年和 2022 年包揽前 4 名。

中国主办过两次 IOI：第一次是 2000 年第 12 届，在北京；第二次是 2014 年第 26 届，在中国台湾。

历史上中国选手中获得 IOI 奖牌数量最多的是来自上海理工大学附属中学的杨云

和，从 1990 年到 1992 年共参加过 3 次 IOI，获得 2 枚金牌和 1 枚铜牌。

因为国内信奥赛制的最新规定，选手以后基本上不会多次参加 IOI，因此这个纪录将不会被打破。我会在以后的文章里详细讨论。

IOI 的获奖规则和 IMO 一样，获奖人数是根据正式参赛选手的比例来确定，约有一半的选手获奖，金牌、银牌、铜牌的比例大致为 1∶2∶3。也就是说，获得金牌的比例是 1/12，但是因为会有同分，所以每年分数线和人数比例都有所变化。

最早的几届参赛选手人少，金牌也就显得异常珍贵。感谢所有选手的奋勇拼搏，为中国队取得了那么辉煌的成绩。

后面按省市和学校统计国家队的分布情况。

截至 2022 年，国家队选手一共 135 人次，如表 12.7 所示，排在第一的是浙江省，一共 24 人次；排第二的是江苏省和湖南省，各共 17 人次；北京市和上海市分别以 15 人次和 12 人次列第四和第六。

表 12.7　历届 IOI 按省 / 市排名

省 / 市	人　　次	省 / 市	人　　次
浙江省	24	四川省	4
江苏省	17	广西壮族自治区	2
湖南省	17	河南省	2
北京市	15	新疆维吾尔自治区	1
福建省	14	天津市	1
上海市	12	河北省	1
安徽省	10	湖北省	1
广东省	7	山东省	1
辽宁省	5	吉林省	1
总　　计		135	

再仔细分析一下，会发现北京市、上海市在前 10 届的 IOI 比赛中表现非常抢眼，如表 12.8 和表 12.9 所示，前 10 届国家队一共 39 人次，北京市、上海市总计 18 人次，占据了将近一半。但是进入 21 世纪之后，北京市和上海市就大大落后了，20 多年里加起来也只出了个位数国家队人选，和入选数学国家队的人数相差甚远。

表 12.8　历届 IOI（国际信息学奥林匹克竞赛）北京市成绩汇总

年　份	举办地	姓　名	学　校	成绩
第 1 届 IOI1989	保加利亚	杨洪波	北京师范大学附属实验中学	铜牌
		庄　骏	中国人民大学附属中学	铜牌
第 2 届 IOI1990	苏联	江晓晔	北京大学附属中学	金牌
		杨澄清	清华大学附属中学	银牌
第 3 届 IOI1991	希腊	杨澄清	清华大学附属中学	金牌
第 4 届 IOI1992	德国	孙燕峰	北京市第十二中学	银牌
第 5 届 IOI1993	阿根廷	张　辰	北京师范大学附属实验中学	铜牌
第 7 届 IOI1995	荷兰	张　辰	北京师范大学附属实验中学	银牌
第 9 届 IOI1997	南非	易　珂	清华大学附属中学	银牌
第 14 届 IOI2002	韩国	侯启明	清华大学附属中学	金牌
第 15 届 IOI2003	美国	侯启明	清华大学附属中学	铜牌
第 21 届 IOI2009	保加利亚	高逸涵	清华大学附属中学	金牌
第 23 届 IOI2011	泰国	范浩强	中国人民大学附属中学	金牌
第 29 届 IOI2017	伊朗	徐明宽	北京师范大学附属实验中学	金牌
第 33 届 IOI2021	新加坡	邓明扬	中国人民大学附属中学	金牌

表 12.9　历届 IOI（国际信息学奥林匹克竞赛）上海市成绩汇总

年　份	主办地	姓名	学　校	奖牌
第 2 届 IOI1990	苏联	杨云和	上海理工大学附中	铜牌
第 3 届 IOI1991	希腊	杨云和	上海理工大学附中	金牌
第 4 届 IOI1992	德国	杨云和	上海理工大学附中	金牌
第 5 届 IOI1993	阿根廷	柴晓路	上海控江中学	铜牌
第 6 届 IOI1994	瑞典	李万钧	华东师范大学第二附属中学	金牌
第 7 届 IOI1995	荷兰	杨　域	复旦大学附属中学	金牌
第 9 届 IOI1997	南非	钱文杰	复旦大学附属中学	金牌
第 10 届 IOI1998	葡萄牙	钱文杰	复旦大学附属中学	金牌
		徐　宙	上海向明中学	银牌
第 13 届 IOI2001	芬兰	符文杰	华东师范大学第二附属中学	银牌

年　份	主办地	姓名	学校	奖　牌
第 18 届 IOI2006	墨西哥	李天翼	复旦大学附属中学	金牌
第 23 届 IOI2011	泰国	周奕超	复旦大学附属中学	银牌

再来看浙江省，如表 12.10 所示，第一次出国家队队员是从 2005 年才开始的。但是之后一骑绝尘，从 2008 年到 2016 年连续 9 年都有国家队选手，甚至在 2014 年包揽了全部 4 个名额。

表 12.10　历届 IOI（国际信息学奥林匹克竞赛）浙江省成绩汇总

年　份	主办地	姓名	学　校	奖　牌
第 16 届 IOI2005	雅典	楼元城	杭州第十四中学	金牌
第 20 届 IOI2008	埃及	俞华程	杭州第二中学	金牌
第 21 届 IOI2009	保加利亚	周而进	绍兴市第一中学	银牌
第 22 届 IOI2010	加拿大	赖陆航	杭州第二中学	金牌
		潘宇超	绍兴市第一中学	银牌
第 23 届 IOI2011	泰国	周而进	绍兴市第一中学	金牌
第 24 届 IOI2012	意大利	李　超	杭州学军中学	金牌
第 25 届 IOI2013	澳大利亚	陈立杰	杭州外国语学校	金牌
第 26 届 IOI2014	中国	徐寅展	杭州学军中学	金牌
		俞鼎力	绍兴市第一中学	金牌
		董宏华	绍兴市第一中学	金牌
第 26 届 IOI2014	中国	沈洋宁	波市镇海中学	金牌
第 27 届 IOI2015	阿拉木图	杜瑜皓	宁波市镇海中学	金牌
		张恒捷	绍兴市第一中学	金牌
		卢啸尘	镇海蛟川书院	金牌
第 28 届 IOI2016	俄罗斯	金　策	杭州学军中学	金牌
		任之洲	绍兴市第一中学	金牌
第 30 届 IOI2018	日本	任轩笛	绍兴市第一中学	金牌

年 份	主 办 地	姓 名	学 校	奖 牌
第 32 届 IOI2020	新加坡（线上）	罗煜翔	宁波市镇海中学	金牌
		周雨扬	绍兴市第一中学	金牌
		王展鹏	绍兴市第一中学	金牌
第 33 届 IOI2021	新加坡	虞皓翔	宁波市镇海中学	金牌
		钱易宁	波市镇海中学	金牌
第 34 届 IOI2022	印度尼西亚	周航锐	杭州学军中学教育集团文渊中学	金牌

作为老牌的竞赛强省，湖南省也是从 2000 年开始有人入选国家队，从 2002 年到 2009 年连续 8 年都有国家队选手，如表 12.11 所示。

表 12.11　历届 IOI（国际信息学奥林匹克竞赛）湖南成绩汇总

年 份	主 办 地	姓 名	学 校	奖 牌
第 12 届 IOI2000	中国	张一飞	长沙市雅礼中学	金牌
第 14 届 IOI2002	韩国	张一飞	长沙市雅礼中学	金牌
第 15 届 IOI2003	美国	何林长	沙市雅礼中学	金牌
第 16 届 IOI2004	雅典	胡伟栋	长沙市长郡中学	金牌
		栗 师	长沙市长郡中学	金牌
第 17 届 IOI2005	波兰	胡伟栋	长沙市长郡中学	金牌
		龙 凡	长沙市雅礼中学	金牌
第 18 届 IOI2006	墨西哥	龙 凡	长沙市雅礼中学	金牌
第 19 届 IOI2007	克罗地亚	郭华阳	长沙市长郡中学	金牌
第 20 届 IOI2008	埃及	陈丹琦	长沙市雅礼中学	金牌
第 21 届 IOI2009	保加利亚	漆子超	长沙市雅礼中学	金牌
第 24 届 IOI2012	意大利	钟沛林	长沙市雅礼中学	金牌
		艾雨青	长沙市雅礼中学	金牌
第 27 届 IOI2015	阿拉木图	刘研绎	长沙市雅礼中学	银牌
第 29 届 IOI2017	伊朗	毛啸长	沙市雅礼中学	银牌
第 30 届 IOI2018	日本	杨懋龙	长沙市长郡中学	金牌
		陈江伦	长沙市长郡中学	金牌

接着看按学校人次的排名，如表 12.12 所示，湖南省雅礼中学 11 人次排第一，浙江省绍兴一中 10 人次排第二，中国人民大学附属中学 3 人次排并列第十四。

湖南省的选手全部来自两个中学、雅礼中学和长郡中学。而浙江省则来自好几所不同的学校。

表 12.12　历届 IOI 按学校排名

学　　　校	人 次	学　　　校	人 次
湖南长沙市雅礼中学	11	江苏南京师范大学附属中学	2
浙江绍兴市第一中学	10	广东汕头第一中学	1
福建师范大学附属中学	7	山东省平邑第一中学	1
安徽芜湖市第一中学	7	上海向明中学	1
南京外国语学校	7	浙江杭州第十四中学	1
清华大学附属中学	6	江苏苏州中学	1
湖南长沙市长郡中学	6	广东中山第一中学	1
复旦大学附属中学	5	河南师范大学附中	1
辽宁东北育才学校	5	广东肇庆中学	1
浙江宁波市镇海中学	5	吉林东北师范大学附属中学	1
江苏南京金陵中学	4	广东广州第二中学	1
福建福州第一中学	4	成都外国语学校	1
北京师范大学附属实验中学	4	上海控江中学	1
上海理工大学附中	3	河北唐山第一中学	1
广东中山纪念中学	3	北京市第十二中学	1
四川成都市第七中学	3	杭州学军中学教育集团文渊中学	1
浙江杭州学军中学	3	杭州外国语学校	1
福建福州第三中学	3	北京大学附属中学	1
中国人民大学附属中学	3	浙江镇海蛟川书院	1
安徽师范大学附属中学	3	新疆乌鲁木齐市第一中学	1
江苏常州高级中学	3	湖北华中师范大学第一附属中学	1
上海华东师范大学第二附属中学	2	天津南开中学	1
浙江杭州第二中学	2	河南郑州铁路一中	1
广西南宁第二中学	2		
总　　　计		135	

浙江省为什么能在信息学成绩一直那么好呢？以下是总结的几点原因。

(1)浙江省信息学教育资源丰富，是许多省市不能匹敌的。早在 20 世纪 90 年代末，浙江省就有许多中学，除了专用的计算机教室外，每个教室都配备了计算机以及多媒体平台。

（2）全国高考，只有浙江省把信息技术（计算机）纳入高考。

（3）省内名校计算机教学经验丰富，历史悠久。例如绍兴一中、学军中学、镇海中学、杭州二中、乐清知临中学、衢州二中等。

（4）不少男生从小学开始，计算机、围棋、奥数 3 个一起学，到了初中，几个名校初中会有编程班，重点培养学编程的孩子。信息学拿过省一等奖的，中考成绩可以加分。于是适合的孩子就能一路学下去。

（5）编程对学科的影响很大，能承受枯燥的过程，能一遍遍尝试，能严谨探索，这些品质在学科上有明显优势，编程好的孩子，学奥数大多数也很有优势，节约时间。

（6）家长选择编程的原因之一是这个专业将来好就业，希望孩子从小就能专业化发展，有自己的一个特长。

每一位竞赛选手的背后都有很多教练、家长、家庭长期的辛苦努力和付出。适合的竞赛环境对选手们非常重要，能让他们走得更远。

北京市的家长相对比较重视孩子教育，最近几年学习信息学的孩子越来越多，在省赛 NOIP 和全国比赛 NOI 中成绩都有了明显的进步，相信将来的成绩也会越来越好。

12.11 APIO

APIO（Asia Pacific Informatics Olympiad）是亚洲和太平洋地区每年一次的国际性赛事，旨在给青少年提供更多的赛事机会，推动亚太地区的信息学奥林匹克的发展。APIO 一般每年 5 月举行，由不同的国家轮流主办。

APIO 创建于 2007 年，与其他比赛不同的是，这个竞赛是区域性的网上准同步赛。

主办方并不提供比赛场地，仅负责提供比赛试题，提供线上测评环境以及赛事的组织、评奖工作。每个参赛团必须明确指定一个或多个竞赛场地，所有选手必须在指定的竞赛场地参赛并全程接受参赛团组织的监督。

主办方提供一定长度的比赛开放时间（通常为 2 天），在开放时间内，各国可选取任意连续的 5 小时供选手参与竞赛。竞赛期间选手需解答 3 道试题，相当于 IOI 两试中的一试。

选手们需在本国组织的分赛区参加比赛，并由选手本人或参赛团组织将源代码上传至主办国。其中成绩排在前 6 名的选手，将作为该参赛团的代表选手参与国际评奖，其余选手可参与国内赛区评奖。

APIO 中国赛区由中国计算机学会举办，设立 A、B 两组参赛队，A 组 100 名，B组若干。

A 组正式选手参与官方比赛，程序将实时上传至主办国评测，成绩排名前 6 名的选手将作为中国队的正式选手参加主办国的成绩统计；B 组选手参与非官方比赛。

APIO 中国区中，A 组选手和 B 组选手均可参与国内奖牌评比。获奖比例为金奖10%，银奖 20%，铜奖 30%。CCF 规定前一年的国集选手可以参加，但是不能作为A 组成员。

因此，这个比赛算是一个国际赛事，但是并不需要出国参加，每年都是由 CCF 组织，并且和 CTSC 安排在同一段时间。除了比赛，也会安排培训。网上有很多选手写的这两个比赛的游记。

最近两年因为新冠肺炎疫情的原因，比赛变成了线上参赛，规则也有所变化，A组从 100 名改成了 60 名，但是 B 组人员有所增加，参赛限制也少了很多。

大咩从 2018 年到 2020 年连续 3 年参加了 APIO。

2018 年第一次参加获得了金牌，2019 年获得了银牌，2020 年获得了国际金牌。其中，2019 年的经历特别值得记录。

实战说

据说 2019 年 APIO 是 3 道数据结构的题目，大咩说考得不好，觉得太难写，一直在想有没有更简单的写法，最后一直没有调出来，3 道题得分 187。

最终的结果金牌分数线为 203，获得金牌的选手一共 103 名，同分的人非常多，银牌 39 名，铜牌 181 名。ZZQ 同学不到两小时就得了满分，还有另外 5 个孩子满分。所以大咩获得了一块难得的银牌。

大咩参加了当天晚上 APIO 的闭幕式，他说国家队领队王宏博士也认识他了，还问他为什么没有考好，他也解释了一下。

当天的闭幕式也非常欢乐，当报到大咩银牌时，全场掌声超级热烈，大咩特别欢快开心地登台领奖。竞赛随机性很强，孩子们都会有比赛翻车的时候，大家也都很习惯，保持好心态、勇敢接受结果、享受比赛，才是对待比赛最好的方式。

2020 年，大咩因为没有参加 NOI2019，所以能够作为 A 组成员参加了 APIO，最终中国有 10 名 A 组选手获得了满分，所以这 10 名选手都获得了国际金牌。如表 12.13 所示，大咩因为在北京，同时名字拼音靠前，所以排在了第一个。

表 12.13　APIO2020 获奖名单

国际金牌（10 名）

姓　名	省／市	组别（A/B）	性别	学　校	年级	总分
邓明扬	北京市	A	男	中国人民大学附属中学	高二	300
许庭强	北京市	A	男	中国人民大学附属中学	初三	300
罗　恺	湖南省	A	男	长沙市雅礼中学	高一	300
胡　昊	湖南省	A	男	长沙市雅礼中学	高一	300
叶余非	四川省	A	男	成都市第七中学	高二	300
张博为	上海市	A	男	华东师范大学第二附属中学	高二	300
钱　易	浙江省	A	男	宁波市镇海中学	高一	300
周　欣	浙江省	A	男	浙江省杭州市第二中学	高二	300
徐哲安	浙江省	A	男	浙江省杭州市学军中学	高二	300
吴与伦	浙江省	A	男	浙江省杭州市第二中学	高一	300

12.12　国际初中生信息学竞赛ISIJ

ISIJ 的全称是国际初中生信息学竞赛（International School for Informatics "Junior"），中国从 2018 年开始派队参赛。

参赛资格要求是提高组一等奖，2018 年的年龄要求是在当年年底不超过 15 周岁，我们刚好差了几天，后面几年都改成了 13~16 周岁，2018 年和 2019 年比赛都是线下，中国各派出了 6 名和 12 名选手参加比赛，都取得了非常好的成绩。

2019 年起比赛设置 A、B 两组模式，A 组训练赛题难度高于 B 组，两组训练题不同但决赛题目相同。选手可自愿选择组别参赛。A、B 组在决赛中将分别评出金、银、铜牌。

2020 年和 2021 年都改成了线上比赛，除了 1 支国家队，还增加了几支代表队。参赛人员也兼顾了每个省份的均衡，同时会向低年级和女生倾斜。

这个比赛可以算是青奥会，与世界上最优秀的初中选手们同场竞技，是非常好的锻炼机会。

下面是这几年官方的报名通知。

国际初中生信息学竞赛将于 2018 年 6 月 24 日—7 月 3 日在俄罗斯喀山联邦大学举行。CCF 拟组建代表队参赛。

（1）时间、地点。时间：2018 年 6 月 24 日—7 月 3 日，其中 6 月 24 日为报到日，7 月 3 日为疏散日。地点：俄罗斯喀山联邦大学。

（2）队伍组成。正式选手：2~6 名；领队教练：1 名；超额教师：自愿参加。

（3）参赛资格。正式选手须为 NOIP2017 提高组一等奖获奖选手，年龄不得超过 15 岁（以 2018 年 12 月 31 日为截止日期计算）。正式选手、领队教练与超额教师自愿报名参加，最终参赛名单由 CCF 审核确定。

2019 年国际初中生信息学竞赛（ISIJ2019）将于 2019 年 6 月 25 日—7 月 5 日在俄罗斯举行。CCF 拟组建代表队参赛。

（1）队伍组成。正式选手：2~6 名；领队教练：1 名；参加教师：有选手报名及最终入选的学校需派一名教师参加。

（2）参赛资格。正式选手须为 NOIP2018 提高组一等奖获奖选手，年龄 13~16 岁（以 2019 年 12 月 31 日为截止日期计算）。正式选手、领队教练与参加教师自愿报名参加，最终参赛名单由 CCF 审核确定。

2020 年国际初中生信息学竞赛（ISIJ2020）将于 2020 年 7 月 1 日—7 日举行线上竞赛。CCF 拟组建代表队参加。

（1）队伍组成。中国代表队由 1 组国家队、4 组代表队共 5 组队伍组成。每组队伍由 6 名学生和对应教师组成。

（2）参赛资格。选手资格：报名选手须为 CSP-J/S2019 提高级一等奖获得者，年龄 13~16 周岁（以 2020 年 12 月 31 日为截止日期计算）。参加教师：有选手报名及最终入选的学校需派一名教师参加。选手与教师自愿报名参加，最终名单由 CCF 审核确定并公布。

2021 年中国队人数很多，因为是线上比赛，所以尽可能安排更多的选手可以参加，基本上兼顾了每个省的均衡和报名选手的成绩。

2021 国际初中生信息学竞赛（International School for Informatics "Junior"，ISIJ2021）将于 2021 年 7 月 1 日—11 日举行线上竞赛。CCF 将组队参加。

（1）队伍组成。中国代表队由 1 支国家队、5 支代表队、共 6 支队伍组成。每支队伍由 6 名选手和其指导教师组成。

（2）参赛资格。选手资格：报名选手须为 CSP-J/S2020 提高级一等奖获得者，年龄 13~16 周岁（以 2021 年 12 月 31 日为截止日期计算）。教师资格：有选手报名及最终入选的学校需派一名教师参加。选手与教师自愿报名参加，最终名单由 CCF 审核确定并公布。

●●● CCF 关于 ISIJ2021 中国代表队组队公告 ●●●

CCF 在报名期内共收到 18 个省市报名参加 ISIJ2021 的选手 253 位和教师 71 位。根据 ISIJ2021 俄罗斯主办方的比赛规则及 CCF 报名要求，选手资格须为 CSP-J/S2020 提高级一等奖获得者，年龄 13~16 周岁（出生日期为 2005 年 12 月 31 日—2008 年 12 月 31 日）。经过筛选去掉不满足资格的选手，对满足资格的选手进行名额分配。

一、国家队选手名额的分配

根据选手成绩择优录取，同分情况参考 NOI2021 冬令营成绩。选取满足条件的前 6 名选手作为 ISIJ2021 中国国家队选手，不设定省份和学校限制。上海市 1 名，江苏省 1 名，广东省 2 名，湖南省 1 名，浙江省 1 名。

二、代表队选手名额分配

根据 ISIJ2021 赛制，CCF 除 1 支国家队以外，还可派出 5 支代表队，每队 6 位选手，共计 30 位，名额分配如下。

1. 基本名额 16 个

本次报名省份中，有效成绩省份是 16 个。代表队基本名额为各省市 1 个名额。分别为安徽省、北京市、福建省、广东省、湖北省、湖南省、吉林省、江苏省、江西省、山东省、山西省、陕西省、上海市、四川省、浙江省、重庆市。

2. 优秀名额 9 个

经过基本名额分配后，其余选手按照成绩择优录取，CSP-JS2020 提高级分数在 300 分以上入选。其中江苏省 4 位，上海市 1 位，浙江省 4 位。

3. 奖励名额

奖励给NOI2021 承办单位、NOI2021 冬令营授课讲师(屈运华、周祖松、金靖、李建、符水波、蔺洋)、NOI 教师培训讲师（李建、贾志勇、谢秋峰、金靖、李曙）和参与 NOIOnline 测试组织教师（叶诗富、金靖）的学生。需满足条件：一个省累计不超过 6 个名额、选手成绩排名靠前且不重复享受奖励。

三、领队和教师

鉴于 ISIJ2021 为线上竞赛，要求领队熟悉赛制且全程远程参与竞赛工作，根据教师报名情况，CCF 任命 ISIJ2021 中国代表队领队为华东师范大学第二附属中学教师金靖，副领队为南京外国语学校教师曹蓉。

四、代表队划分

根据 ISIJ2020 赛制，CCF 派出 1 支国家队和 5 支代表队。最终确定的选手和其指导教师必须全程参加竞赛。

五、重要说明

（1）ISIJ2021 为自愿报名，如有选手或教师中途放弃资格，放弃名额不增补。

（2）当前疫情有所缓解，选手和教师入选后必须在学校机房参加整个线上竞赛，所在学校提供比赛后勤保障支持。学校机房环境必须保证视频监考条件，确保网络畅通。

（3）选手在校参赛期间，其指导教师必须以比赛任务为重，必须遵守ISIJ2021 中国代表队的团队纪律和领队统一的工作安排，不宜同时承担其他工作（如校内监考或暑期教学等），确保线上参赛和监考工作顺利进行。

（4）比赛期间，未经领队允许，选手和教师不得缺席任何一场比赛中的活动。

（5）选手和教师正式入选 ISIJ2021 中国代表队后，将签署《承诺书》，承诺诚信参赛。未经许可，一律不得对外发布与比赛相关的任何信息。

请选手和教师报名前仔细阅读上述说明。入选后如有违反，CCF 将直接取消其参赛资格，未来本人及所在学校参加 NOI 活动的机会都将受到影响。

特此公告。

中国计算机学会

2021 年 4 月 25 日

12.13　NOI女生竞赛

五大学科竞赛中的数学竞赛，有个特别的女子数学奥林匹克竞赛，竞赛选手们会称其为妹赛，每年数学会单独组织女生们参加，比赛的前 12~15 名不占省队名额，直接进入冬令营。

从 2022 年开始，信息学也有了妹赛，鼓励更多的女生参加。相当于国赛（NOI），比原来多给了 5~10 名女生选手的名额。也许以后还会增加名额。

关键信息总结：

（1）不单独组织，用全国统一省选进行选拔。

（2）NOIP 得分在省内排女生前 4 并在 100 分及以上。

（3）除去进入省队的女选手，排名在前 5~10 的高中生。

（4）每个省不超过 2 名。

这个消息对女生有很大的利好，建议女生一定要争取参加这样的比赛。

参加比赛本身就证明是本省最优秀的女生之一，获奖则代表是全国女生的佼佼者。成绩能够作为大学招生的参考，每年大学专业的录取需要考虑男女生的比例，特别像计算机这样的理工科，女生人很少，因此门槛会比男生低不少。

女生在国外学校的申请和录取上也有同样的优势。

官方通告可在全国青少年信息学奥林匹克竞赛官网上查看。

···• CCF 关于举办 NOI 女生竞赛的通知 •···

为鼓励和支持更多女选手参加 NOI 系列竞赛活动，CCF 决定将于 2022 年举办首届 NOI 女生竞赛。关于赛制和获奖规则说明如下：

1. 女生竞赛采用统一省选考试，通过两试选拔确定。与省选同步在各省举行。

2. 参赛条件：参加竞赛的女选手须满足 2 个条件。

（1）参加过上一年 NOIP 竞赛且分数不低于总分的 25%。

（2）每个省上一年 NOIP 得分前四名的女生具有参加女生竞赛的资格。

3. 入选 NOI 规则：对参加竞赛的女选手（仅限于高中生选手），根据其成绩从高到低选取 5~10 名(已入选省队的，则后面递补)，授予其参加当年 NOI 的资格，每个省入选人数不超过 2 名，入选者以 B 类的身份参加当年 NOI。

4. 获奖规则：根据参加女生竞赛的全部选手总数，按照一等奖 20%、二等奖 30%、三等奖 35% 的比例获奖，总获奖率为 85%。

5. 具体报名时间及方式以赛前通知为准。

6. 2022 年参加相关国际女生竞赛的中国队选手将根据 2022 年 NOI 女生竞赛的竞赛成绩择优选出。

特此通知。

中国计算机学会

2021 年 10 月 13 日

12.14　CCF CSP计算机软件能力认证

这个比赛之前主要是面对大学生，所以并没有太关注。

在 CCF 官方发布的文章里，看到北京 IOI 金牌获得者徐明宽在中学参加过这个认证，他当时因为 NOI 考得不好有点灰心，教练建议他参加这个比赛，之后获得了满分，重获了对自己的信心。

后来也向他私下请教过这个比赛的难度和其他的一些信息，对比赛有了一些认识。

这次网易成为 CCF CSP 唯一非高校认证点，我也参与了 CSP 认证，4 月 11 日作为监考员见证了整个流程。

下面是一些重要信息。

1. 简介

（1）软件能力认证：CertifiedSoftwareProfessional，简称 CSP。

（2）CCF 于 2014 年发起，至今已举办 22 次认证，有 151546 人次参加。

（3）旨在考查专业人士算法设计和编程能力，今年对社会开放。

（4）官网：http: //www.cspro.org。

2. 关键信息

（1）考查内容：算法设计、编程技巧及性能优化。

（2）认证形式：上机编程，4 小时，实时评测。

（3）题目构成：5 道题，每题 100 分，满分 500 分。

（4）编程语言：C++、C、Java、Python2、Python3。

（5）认证难度：对比 CSP-J/S，入门级（前 2~3 道）+ 提高组（后 2~3 道）。

（6）上机系统：Windows+DevC++ 或者 Linux+VSCode。

3. 认证的优势

（1）线下比赛，公正公平。

（2）CCF 官方组织认证，公信力高。

（3）提供官方证书和排名。

（4）一年三次，减少一年一次比赛的随机性。

（5）时间点适合。

4. 适合参与的人群

满足以下一个或几个条件：

（1）需要锻炼线下比赛经验。

（2）历届真题能够看懂会做前 2 道题（真题网址为 http: //118.190.20.162/

home.page）。

（3）模拟分数超过 100 分（满分 500，平均分 140 左右）。

（4）希望和大学生同场竞技。

5. 2021 年认证时间

（1）第一场认证时间：4 月 11 日。

（2）第二场认证时间：9 月 12 日。

（3）第三场认证时间：12 月 12 日。

CSP 认证共 5 道题，每题 100 分，从第一题至第五题，难度依次递进，认证时间为 4 小时。认证内容主要覆盖大学计算机及软件相关专业所学习程序设计、数据结构、算法，以及相关数学基础知识。允许学生任选 C/C++、Java 和 Python 编程语言进行考试。

考试期间不允许使用手机和电子设备，但考生可以自带参考资料，包括常用语言的程序设计基础书、数据结构、算法设计、组合数学等相关书籍，入场时须经监考人员检查。

认证不设年龄限制，认证对象包括了计算机及软件相关专业的在校生，或其他专业对软件编程感兴趣的在校生以及即将进入职场及 IT 行业一线技术人员和技术管理人员（还有小小朋友）。

真正参与整个过程，确实也有很多感悟，线下和线上的差别还是非常大的，对每个人来说，参加一个正式的线下活动，真的会很紧张，不到 10 岁的孩子是这样，个子特别高、已经是研究生了也是同样的。图 12.13 是考试之前检查选手的座位号和信息，图 12.14 是考试现场，大学生、研究生和小学生们同场竞技，还是非常有趣的。

平时看起来很简单的问题，可能在考场上就会着急，不知道怎么解决。看到了好几个孩子，平时做题特别快，水平也很高，但在考场上，就会出现各种问题，例如代码里写了中文符号，自己查不出来，举手问老师说是计算机的问题，不止一个孩子出现类似情况。

线下比赛这个经历对每个人来说都很宝贵，需要多总结积累经验。

图 12.13　CCFCSP 进入考场前的检查

图 12.14　CCFCSP 考试现场

　　4 小时的认证，对每一个人都是一个考验，刚开始很多同学都没有得分，相信也是非常着急，但是后来也能够静下心来，仔细查错，分析结果，到第 3 小时的时候，大部分人都能够成功 AC（指正确通过）题目。

　　虽然只是旁观者，但是心情也和选手们一样，看着他们，仿佛又回到多年前我自己参加比赛的那个时候，也能感同身受他们的心路历程。

　　真正看到线上上课的孩子们出现在眼前，发现他们都那么小，那么可爱，但是都

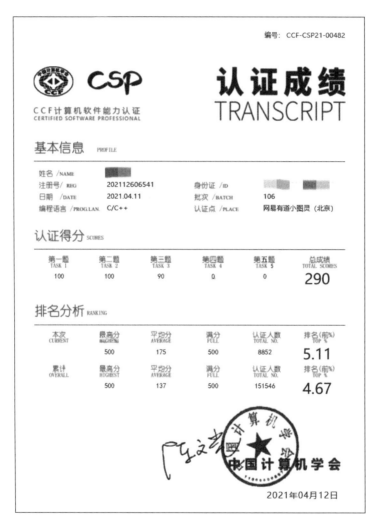

特别认真，小小的身体，大大的能量，为了自己感兴趣的事情，不怕艰难困苦，努力拼搏的精神，真的非常了不起！图 12.15 是赛后一位小选手的成绩，真的非常棒。

相信这些经历，都会变成他们人生道路里的宝贵财富，期待孩子们将来取得更辉煌的成就。

图 12.15　CCFCSP 认证成绩证书

第 13 章　其他重要比赛介绍

13.1　美国计算机奥林匹克竞赛USACO

USACO（USA Computing Olympiad）是美国官方举办的中学生计算机编程与算法线上比赛，初次举办于 1992 年，专门为信奥选手准备。

它是美国中学生的官方竞赛网站，为每年夏季举办的国际信息学奥林匹克竞赛（IOI）选拔美国队队员，是誉满全美的中学生计算机编程竞赛。

1. 赛制

（1）积分赛制，分为月赛和公开赛。

（2）3 次月赛，每年的 12 月、1 月、2 月。

（3）3 月会组织一次 USACOOpen（公开赛）。

（4）5—6 月会组织美国国家队集训（25 人左右），选拔 IOI 美国国家队成员（4 人），要求成员是美国籍。

2. 难度级别

（1）分为青铜级别、白银级别、黄金级别、铂金级别。

（2）所有参与者都要经过一轮轮的不同等级赛题慢慢晋级。

3. 青铜级别

（1）参赛资格：一进入 USACO 注册账号即为青铜级别。

（2）难度等级：青铜级别考试只要基本编程常识，会至少一种编程语言。

（3）统计的编程限制时间比较充裕，大部分选手都能在初次参赛中晋级白银级别。

4. 白银级别

（1）参赛资格：通过青铜级别比赛的选手。

(2)难度等级：需要基本的问题解决能力和简单算法(例如贪心算法、递归搜索等)，还需了解基础数据结构。

5. 黄金级别

（1）参赛资格：通过白银级别比赛的选手。

（2）难度等级：需要有一定的算法基础，理解一些抽象的方法（例如最短路径、动态规划），并且对数据结构有比较深的了解。

6. 铂金级别

（1）参赛资格：通过黄金级别比赛的选手。

（2）难度等级：需要有很高的编程基础，对算法有深入的了解。部分比赛问题最后的优化方案可能不止一个，得出的答案也不止一个。

7. 比赛用时

（1）每场比赛 4 小时。

（2）在比赛规定时间开始后登录 USACO 账号，从在线打开试题后开始计时。

8. 比赛形式

（1）选手需要在时间结束前通过网络将写好的程序提交。

（2）程序提交后官网会给出用 testcase 检测程序的结果，并根据结果给出这一题的得分。

（3）可以使用 C++、Java、Python、Pascal 和 C 中的任意一种编程。

9. 晋级机制

（1）每次比赛，实力强的选手有机会连续升级。

（2）在比赛窗口开放的 3 天时间内，选手可以选择任意时间开始比赛。开始比赛 4 小时内，如果拿到了高分（接近满分或满分），系统会提示直接晋级，可以在这 3 天内继续挑战下一级，只要实力够强，一场考试可以升到满级铂金级别。

（3）没能拿到满分的选手需要等到 3 天的赛程结束后，等待晋级分数线，才能决定是否晋级，如果成功晋级，可以在一个月后的第二场考试继续参赛晋级。

10. 难度级别与国内竞赛类比

（1）青铜级别———CSP 入门级 -。

（2）白银级别———CSP 提高级 -。

（3）黄金级别———NOIP。

（4）铂金级别———NOI-。

11. 难度等级与美国数学竞赛类比

（1）青铜级别———AMC10/AMC12。

（2）白银级别———AIME。

（3）黄金级别———USAJMO。

（4）铂金级别———USAMO。

12. 2021—2022 赛程安排

（1）12 月 17—20 日：月赛第一场。

（2）1 月 28—31 日：月赛第二场。

（3）2 月 25—28 日：月赛第三场。

（4）5 月 25—28 日：全美公开赛。

（5）待定日（5 月底）：训练营。

（6）8 月 7—14 日：IOI2022 印度尼西亚。

大咩从 2016—2017 赛季第一场月赛就进入了铂金组，在 2019—2020 赛季全部比赛获得满分，比赛的题目质量很高，提供中文题面，赛后有排名和题解，中国的孩子可以参加全部月赛和公开赛，推荐参加！

13.2 字节跳动Byte Camp冬令营

字节跳动 Byte Camp 冬令营，可以说是 XCPC（包括 ICPC、CCPC）国内最顶尖的赛事，最早从 2019 年开始举办，当时邀请了国外最顶尖的队伍和教练，包括世界排名第一的选手 tourist。2020 年因为新冠肺炎疫情，活动改成线上举办。

2021 年国内选手齐聚北京，一共 35 支队伍参加，其中包括了 4 支中学生队。本来计划都是 2 月份举办，所以叫冬令营，最终延期到了五一期间。

大咩 2020 年参加了线上赛，也获得了不错的成绩，2021 年又和两个学弟一起参加了线下比赛，说起来也是比较巧合，原先的计划只有 3 个中学生队，没有大咩他们。刚好有一支大学生队伍临时退出，大咩的队伍因为之前的成绩比赛好，所以最后受到邀请参加，整个过程非常开心，也感受到了线下和线上比赛的巨大差别，这里记录一下。

**实战说**

　　2021 字节跳动 Byte Camp 冬令营是针对 ICPC，面向全球高校学生举办的国际顶级训练营。邀请了国际知名培训机构 Moscow Workshops 制订赛训计划并承担出题，中国前顶尖赛手担任讲题教练，为来自全球的 50 支队伍（150名学生）给予为期 7 天的专业性指导，旨在提高 ICPC 参赛者竞赛实力，且为所有计算机精英提供国际性的技术交流平台。

　　本届冬令营将在全球范围召集正为 2020、2021 两届 ICPC 世界总决赛做准备，具有丰富比赛经验的、实力强劲的 50 支高校队伍。其中 15 支非中国大陆地区队伍将由字节跳动邀请，其余 35 个队伍名额将通过网络赛选拔。国内队伍将聚集北京，线下开营，国际队伍线上同步参与。

　　整个活动主办方非常用心。

　　活动从 4 月 29 日开始，一直到 5 月 5 日结束，第一天报到，之后连续 5 天每天一场比赛，比赛的时间都是下午 2 点开始连续 5 小时。图 13.1 是当时活动的照片。

图 13.1　2021 字节跳动 Byte Camp 冬令营现场

这个时间安排是因为和欧洲有 5 小时的时差，俄罗斯有不少队伍线上参加，所以要协调大家的时间。MIT 的队伍本来也被邀请了，但是因为和美国的时差实在协调不了，所以最后还是没有参加。

活动分成 3 类不同的奖项：

（1）4 月 30 日—5 月 4 日共 5 天的比赛每天按成绩排，最后统一算综合排名，金牌、银牌、铜牌队伍各 4 个，有对应的奖金。

（2）5 月 4 日一天是正式比赛，按排名决出前 3 名队伍，获得丰厚的奖金。

（3）5 月 5 日最后一天上午是一场娱乐赛，3 小时，队员们打乱随机组队，和字节跳动的工程师们同场竞技。决出前 3 名获得奖金，前 20 名的队伍获得奖品。

大咩比赛期间感冒了，所以每天比赛结束之后就回家休息，第二天下午比赛前再赶过去，幸好赛场离家比较近，每天骑共享单车来回。所以我假期主要的任务就是给他准备早饭和午饭。

ICPC 比赛和个人赛差别还是很大，3 名选手一台计算机，关键看团队的合作，中学生队伍个人能力比较强，但是在遇到问题时，就没有团队作战的经验，往往起伏就会比较大。

这次比赛的很多队伍，都在上次小米 ICPC 总决赛里听到过，著名的"逆十字""三个顶俩"，分别来自北京大学和清华大学，队员都是曾经的国有集训队或者国家队选手，也是公认实力最强的大学生队伍。

每天的比赛有外榜，能够在网上看到实时排名，家长们可以从网上看比赛的实时进程，前面 4 天的比赛北京大学的"逆十字"都是排名第一，显示了绝对的优势。大咩他们队表现也很不错，排名分别为 5、2、4、2、7，最后综合排名第 2。

4 日和 5 日的比赛都有直播，而且也和正式比赛一样，过题会发气球，所以更有趣一些。请了嘉宾现场解说，包括著名的选手杜瑜皓、吉如一、陈靖邦、陈松扬，现场会介绍各个队伍，也会说一些竞赛中的趣事。

4 日的正式赛还是很精彩的，竞争很激烈，最终前 3 名都是大学生队伍，分别是北京大学的"逆十字"，清华大学的"三个顶俩""小万邦"。都过了 10 道题，封榜后的一小时"三个顶俩"过了 3 道题，差一点超过"逆十字"翻盘成为第 1，清华大学的"小万邦"也是最后 5 分钟过了一道题，成功进入前 3。

排名 4~9 名的队伍里除了两个国外的队伍，就是比赛邀请的 4 个中学生队伍，都是做了 9 道题，比赛中的一道题明显中学生竞赛选手不擅长，很多都是卡在了这道题。

最终结果显示了大学生选手们在正式现场比赛紧张的气氛和巨大的压力下，表现得更稳一些。

团队比赛和个人比赛最大的区别是 3 个人一台计算机，如何合理安排机时，卡题的时候怎么协调，落后的时候如何调整，都是非常重要的，中学生选手们往往各自为政，可能还会出现抢机位的情况，所以最后的结果有可能 1+1+1<2。

最后一天的娱乐赛，所有选手随机抽签，大咩抽到了 6，据说抽签的时候，6 和 9 分不出来，所以就规定先抽出来的 3 个算 6，大咩和广州市第二中学的 dcx、北京邮电大学的 cgz 一个队，很凑巧今年的两个国家队员抽到了一个队。也因此大家很看好这个队伍。

娱乐赛 3 小时 10 道题，因为有很多字节跳动的工程师参加，所以命题组在选题的时候也做了精心的设计，大部分都是需要比较强的思维能力但是码量不是很大的题。这类题刚好比较适合大咩。

大咩的队伍做题很快，大部分时间都保持了 2 道题的领先，罚时也少很多，不到 2 小时就过了 8 道题，不过到最后 1 小时，大家的差距就逐渐缩小，大咩一直卡在了一道题，提交了很多次都不对，在比赛还剩 10 分钟时候，有个队伍过了 9 道题，反超成为第 1。

解说的嘉宾们和大咩比较熟，也为他着急，从后台看出来他这道题的问题，是一个非常小的细节没有想到，但是选手们是看不到后台的。

最终大咩提交了 10 次，在比赛结束前 3 分钟总算过了这道题，虽然这道题被另外多罚了 180 分钟，但是靠着之前巨大的罚时优势获得了第 1。现场直播最后通过的时候孩子们跳了起来，这就是比赛的魅力吧，不确定性很大，不到最后一刻都不能放弃。

五一的这个活动还是很有意思的，国内最顶尖高手在一起线下交流，家长们也在线上看着他们一路拼搏，不断挑战自己。

13.3 海淀区中小学生信息学奥林匹克竞赛

这个比赛是海淀区的比赛，举办方是海淀区青少年活动中心，是海淀区教委举办的历史最悠久的比赛。

这个比赛是大咩第一次参加的信奥，当时因为有这个比赛，小学老师推荐他参加，所以大咩才开始正式学习写代码，也是我第一次给他讲冒泡算法。

转眼已经过去 8 年了，后来大咩还参加了几年比赛，成绩都还不错，还出过一次题。目前其官网已经换了，比赛形式也有了很大变化。

说起这个比赛，还是有不少挺有意思的事情。第一年参加的时候，我对信奥完全没有概念，9 月份参加的比赛，10 月份就公布了结果，但是因为大咩上了早培班，当时建议他参加的是小学的信息学老师，所以我们一直不知道比赛的消息。

我偶然 12 月份在网上发现了获奖名单，才知道他也获奖了，居然自学了几天参加就获得了三等奖，也是意料之外的，在博客里转载了获奖名单。后来官网都没有了，也很庆幸我的博客留下了几次参加比赛的记录。

2014 年参加的记录：

实战说

这两天大咩在家里自学编程，用 QBASIC 语言。

原因是上学期学校的计算机老师让大咩参加一个编程比赛，说是老师遇到大咩说："看你挺聪明的，给你个报名表回家让家长看看要不要参加。"考试时间是 9 月开学以后，大咩说想参加就报了名。

后来老师给我打了电话，说了一下考试的内容和形式，没有笔试题，只有6~7道上机题。用 QBASIC 语言，老师给发了一个简单的教程和 2011 年的试卷，我和老师说他还不会，老师说大咩经常在学校里问他一些问题，这些都是其他的小朋友从来没有听说过的，还说计算机比赛也有奥赛，以后可以加分的，所以鼓励大咩去参加试试。

也和老师说了，我们有可能开学之后在中学了，老师说没关系，应该小学和中学的题是一样的，到时候我们回小学领参赛证就可以了，我们先报名了区里的比赛，想着周末的考试估计应该有时间，到时候去见识一下考试形式和题型，尽力就好了。

这两天大咩看着教程，学习了一下简单的语法，他之前用模板做 RPG 游戏，其实已经用到了编程的语言，不过模板是中文的，也都是写好的，不用自己再一句一句敲，但是至少还是熟悉了一些条件语句、循环之类概念的。

昨天试着做 2011 年试卷的第一题，感觉难度比较大，用了几个循环语句没有做出来，今天早上给了他一些建议，慢慢摸索出来了，后面的几道题很顺利也做出来了，又遇到了要排序的题，就给他说了说简单的冒泡算法，他也基本理解了。

这两天爸爸听说他自己兴趣很高，也学得挺高兴，调侃说："看来以后就是码农的命啊！"

9 月 20 日参加的 2014 年海淀区中小学生信息学奥林匹克竞赛，10 月 16 日就公布了结果，一直没有太关注，最后在网上找到了名单，大咩是三等奖，他们学校有 3 个小朋友得奖，都是三等奖，自学的能得奖也算不错了。

2015 年参加的记录：

实战说

早培六年级第一学期就开了计算机的课程，大咩非常感兴趣，还把自己的游戏用计算机程序实现，和两个好朋友成立了自己的游戏工作室，不定期在公邮里发布他们编的小游戏。老师觉得他们学得不错，就建议报仁才也就是之前的仁华开办的兴趣班，每周六早上去学校上课，他学得很高兴。

这次比赛也是在老师的建议之下报名的，海淀区的比赛每年会在全国联赛NOIP 之前举行，只有一次考试。之后的 NOIP 会有初赛和复赛，初赛安排在10 月初，复赛在 11 月初。

上午他上完计算机课，中午和朋友们一起吃饭，然后一起去考场参赛。大咩说感觉考得不错，去年他参加的是小学组的，当时只是自学了一点QBASIC，很多东西都不知道，有些题目也不会。这次参加的是初中组的，他觉得题目不算很难，自己也都做出来了。不过后面的题目计算时间有限制，对算法和效率有比较高的要求，所以他不是很确定最后一问能不能全部符合要求。

整体来说还是很高兴的，回家之后也很兴奋，说着他后面两道题用的算法。后来和学校老师聊，也说大咩考得很好，但是最终还是没有看到获奖名单。没有想到我们参加的几次比赛，2014 年的获奖名单居然成为了官方唯一正式公布的名单。

13.4　清华校赛THUPC

清华校赛的全称是清华大学学生程序设计竞赛暨高校邀请赛。

比赛是由清华大学计算机科学与技术系学生算法与竞赛协会自主举办的一场程序设计竞赛，采用国际大学生程序设计竞赛（ICPC）现场赛的赛制，由最多 3 名选手组队参赛。

同队选手需要在 5 小时的竞赛中充分讨论交流，使用一台计算机合作解题。最终，参赛队伍将按照解出的题数、解题用时与正确率综合排名。

竞赛主要面向清华大学在校学生、其他高校学生与高中生中的编程、算法爱好者，如信息学院或相关专业的学生、有信奥（OI）或 ACM 竞赛背景的选手等。

主办方清华大学计算机科学与技术系学生算法与竞赛协会（以下简称"算协"），成立于 2016 年 6 月，是面向计算机科学与技术系内外同学的学生组织。名称为酒井算协，是因为计算机系的男生曾经住在 9# 楼，酒井是 9# 的谐音，我猜当时很多人很喜欢酒井法子吧，我也觉得她在电视剧同一屋檐下里很美。

清华校赛从 2017 年开始举办，举办时间在 5 月份，每次会有企业赞助，奖金也比较高，有很多中学生参加，大咩参加了 2018 年和 2021 年两次。

2018 年是在参加完 APIO 之后一天，大咩和两个学长一起去清华大学参赛，因为坐地铁去的，用了公交卡，结果在赛场把公交卡随手扔在桌子上，走的时候没有拿，最后就丢了。最终大咩排名 21。图 13.2 是参赛证。

2019 年因为数学竞赛大咩没有时间参加，2020 年因疫情没有举办线下赛。

图 13.2　2018 年清华校赛参赛证

2021 年，THUPC 竞赛采取"线上预选，线下决赛"的方式，选手自行组成队伍后，自由登录报名网站填写相关信息后注册报名参赛，先于 2020 年 12 月参加线上初赛，获取决赛参赛资格的队伍可以 2021 年 5 月参加 THUPC2021 的线下决赛。

初赛时间是 2020 年 12 月 12 日（星期六）12：00—17：00，线上举行，大咩和同年级的另外两个北京选手 hzk、lbt 组队，报名参加。

最终共 50 个队伍进入复赛，大咩他们队排名第一，队名是"BJOI 老同志"。他们第一个做出来 3 道题。每人获得了 1 个书包和 3 本一样的计算机书。

队伍类型里，A 基本是清华大学的队伍，B 是其他高校，C 是中学生队，可以看到中学生队伍占了一半还多。

复赛安排 2 天，第一天是练习赛，第二天是正式比赛，有外榜和直播。刚开始时大咩他们队一直领先，但是在做了 7 道题之后就一直没有再过题，在封榜的时候排名第 2，最终的结果是到结束还是过了 7 道题。

大咩发文说被卡常卡傻了，他们 3 个人每人一道题，都是提交了很多次都没有通过。最终获得了第 8 名，二等奖的最后一个，有两道题都是第 1 个做出。还是很不错的结果。之后还举行了现场颁奖。

这次复赛最强的两个队伍"逆十字""三个顶俩"并没有参加，据说有其他的安排。但是来了很多中学生，也是国内最顶尖 ICPC 赛制的比赛。

第三部分

信奥排名估分小程序

第 14 章 信奥排名估分小程序的由来

每次考完试，最关心的就是出成绩的时间。信奥每次出结果相对都比较晚，经常是 1 个月之后才出结果，虽然这几年时间缩短到了 10 天，但是等待结果的那段时间总是很煎熬。

尤其是对于家长，最希望的就是早点知道成绩，所以会到处搜集信息，打探消息。每年的 CSP/NOIP 比赛之后，有的网站可以提交代码看民间结果，但是操作比较复杂，很多家长不知道如何下手。

2017 年，大咩参加了 NOIP 提高组比赛之后，我在群里听说可以去网页提交代码测试民间数据的结果，就到处去研究。当时是在洛谷，开始不熟悉规则，后来才知道需要注释文件输入输出再测试，也是折腾了一段时间，才看到了预估的成绩。

看到成绩感觉很开心，就很想知道排名到底是多少，然后继续摸索，找到了著名的软件 lemon，可以用机器自动测很多代码。又是一番上网找攻略，各种尝试，最终把北京提高组所有人的代码运行测试了一遍。

事后证明有些参数没有设置好，造成部分成绩不对，但是当时能看到全省的数据真的是非常兴奋，赶紧发给了认识的家长和老师。对于家长来说，能够提前知道结果总是好的，就算只提前几分钟，即使有可能结果不是百分之百准确。

过了差不多半个月，官方公布了最后的结果，大咩的成绩和排名基本上是准确的，排在前面的大部分选手也比较准确，对于提前知道结果的我来说非常开心，特别有成就感。

有了全省的排名，作者又想知道全国的排名，到了 2018 年，作者想尽量测更多省的数据，这样能够看到全国的高分，来预估大咩在全国的排名，就和小伙伴们讨论，让专门做技术的同学来做，大家都觉得这个想法很有创意，对家长和选手也特别有用。

能够做估分的原理很简单，因为信奥公开透明，按规则要求在省内公布所有人的代码，有了代码，用民间的测试点把所有的代码运行一遍，就可以得到所有人的成绩和排名，虽然民间测试点和最后官方的结果会有出入，但是对于正确的代码来说，怎么测都是对的，所以高分段最准确，而且高质量的测试点和官方的很接近，排名和分数都很有参考价值。

以前没有人做这件事，有些学校教练可能会自己测，但是主要是为了早点看到本学校学生的成绩，对于大部分的人来说，基本上只能等三周或者一个月之后的官方结果，如果能够做全省的测试，就可以直接按照准考证号查到结果，这个对家长和选手来说就很简单了。查到成绩不仅仅能够提前知道分数，也给后面的申诉提供了很多参考。

因为每个省的代码公布渠道是不一样的，有些省会在网页公布，有些省的代码没有对外公布，特派员只是发给教练，虽然比赛规定每个选手都应该能够看到本省其他选手的代码，但是很多人并不知道这个规则，也没有意识去找代码，所以拿到代码并不容易。

2018 年我们做了 10 个省的数据，当时测了 C++ 的代码；2019 年增加了一些省，加上了 Pascal 代码的评测，做了分数段统计；2020 年我们和浙江省镇海中学合作，用浙江省镇海中学提供的高质量的测试点，除了分数，还增加了每道题测试点详情、省内排名、全国排名、平均分、分数段统计分析和高分段统计等。

2020 年我们征集了不同省份的家长志愿者，传给我们选手代码，根据以往比例估算一、二等奖的分数线，最后一共统计了 16 个省和地区的数据。

2021 年，小图灵估分小程序增加 CSP-J/S 第一轮初赛的估分，初赛虽然不会公布所有人的答案，但是因为都是选择题，所以孩子们可以很快选一下考场上的答案来预估成绩。因此，我们会在第一时间把题目和答案上传，让大家尽快看到结果。

CSP-J/S 第二轮和 NOIP 我们征集了更多的志愿者，当天晚上就出了第一版成绩，结果分析更加清晰透明，大家有更好的体验。

直接输入准考证号，就能看到分数、各题测试点情况、省内和全国排名、省内和全国平均分、本省分数段统计和高分统计。

每年官方比赛的赛季，从 9 月的 CSP-J/S 第一轮，到 10 月的 CSP-J/S 第二轮，12 月的 NOIP，4 月的统一省选，每一场比赛都可以使用估分小程序预估自己的排名和分数。

4 年前，作者坐在计算机前，连续几天紧张地盯着屏幕，关注每道题代码状态的变化，最后导出总成绩那一刻的喜悦，这个场景仿佛就在昨天。

祝福所有的竞赛选手和关心竞赛的家长们，享受比赛过程的每一个美好时光……

第 15 章 比赛出分了，要不要申诉

每次比赛结束，在公布初评成绩的时候会有一个申诉期，允许对有疑问的题目进行申诉，这章来和大家讨论一下申诉环节。

很多孩子在考完之后会觉得自己都做对了，看到成绩和想象中差别比较大，就会觉得自己被误判了，家长们也就会觉得一定要申诉，实际上信息学里大部分的申诉都是没有必要的。

信息学不是人工判卷，是机器自动进行的。组委会收到申诉的请求后，也就是让机器重新评测一次申诉的题目，最终大部分的结果和之前是没有什么变化的。

官方提供申诉通道是为了通过矫正，加固比赛的权威性和公平性，但一般来讲，通过机器代码评测，错误概率极小。

官方也有说明哪些情况不能申诉，可以在官方网站查询具体信息。

所以大家在申诉之前需要做一些准备工作，让申诉更有意义。

需要自己预先评测一下结果，不仅仅是从孩子口头的描述来判断是否误判。

小图灵估分小程序就是按照官方的配置，评测了大部分省份的代码，直接输入准考证号就可以查到成绩，每道题每个测试点的情况都能够详细看到，而且给了排名和分数线的划分。

小图灵估分小程序 3.0 使用官方最新的测试点评测，但是要提醒的是，物理硬件和配置等方面不可能做到一模一样，不确定性还是比较大的，所以成绩只是供参考。

如果是动手能力比较强的家长和选手，也可以自己提交代码在 OJ 上面评测，很多 OJ 都可以测，小图灵 OJ 有不同测试点的比赛，登录"有道小图灵"信息学网站，单击赛事找到相应的比赛提交。

每一次的比赛都是孩子一次宝贵的经历，找到错误的原因，总结经验教训，下次不要犯相同的错误，过程比结果更重要，作为家长，能够陪伴孩子见证孩子的成长，同样也是很有价值和意义的！

　　希望每一位选手都能享受比赛，与从前的自己比不断提高！

第 16 章　信奥排名估分小程序的作用

1. 预估分数和排名

选手直接输入准考证号，就可以看到自己的预估分数、省排名、每道题具体测试点通过情况等全方位的比赛数据，如图 16.1 和图 16.2 所示。

图 16.1　估分小程序查询页面

图 16.2　估分小程序个入成绩页面

2. 各省获奖分数线和统计

小程序不仅提供选手们的分数、省排名、获奖情况，还会提供每个省获奖分数线和每道题的 AC（注：AC 表示答题正确）人数，如图 16.3 和图 16.4 所示。

| 考试成绩 | **各省分数线** | | |

选择组别　　NOIP　　CSP-J2　　CSP-S2

选择省份　　　　　　　　　全国 >

已出分数线省份　　　　　⚫更新提醒

省份	一等奖	二等奖	三等奖
浙江	219分	116分	30分
澳门	150分	100分	30分
福建	143分	90分	30分
北京	143分	85分	30分
天津	137分	70分	30分
安徽	113分	70分	30分

试题AC详情

题目	全国AC人数	全国AC率
字符串匹配/string	52	4.5%(52/1165)
移球游戏/ball	4	0.3%(4/1165)
微信步数/walk	2	0.2%(2/1165)
排水系统/water	4	0.3%(4/1165)

图 16.3　估分小程序各省获奖分数线页面　　图 16.4　估分小程序每道题 AC 入数页面

3. 省份更新短信提醒

由于"测试点和代码"的不定时更新，各省估分更新时间也不相同。家长们进入估分系统后，单击"更新提醒"，就会收到第一时间发来的估分短信通知，如图 16.5～图 16.7 所示。

4. NOIP 一等奖分数线和名单预估

NOIP 本质上是高中生的比赛，所以数据应该只统计高中生，但是很多省份初中生比较多，他们可以参与比赛不参与评奖。

计算依据，参考官方前一年的规则计算。

特别说明：

（1）各省 NOIP 人数按去掉历年获奖和集训队选手后的实际参赛选手计算。

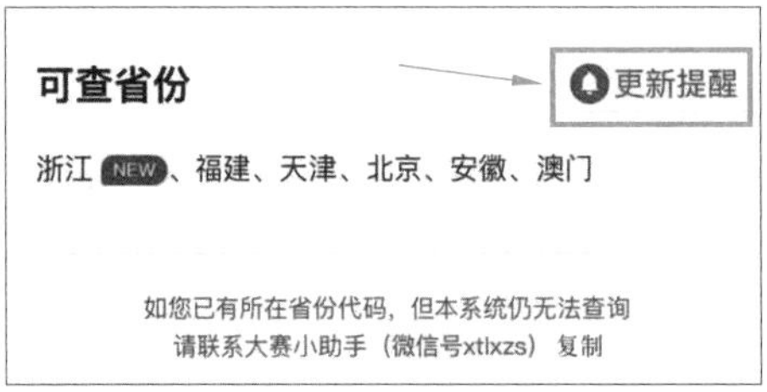

图 16.5　估分小程序短信更新提醒

图 16.6　估分小程序短信选择省份

图 16.7　估分小程序关注省份成功

（2）高中阶段在历年 NOIP 中已获得一等奖的或历年集训队选手单独计算，不占各省新获奖名额。

因为每个省份情况不一样，公布的信息也五花八门，所以统计到了部分省市的高中参加人数，对比了历届获奖人数和集训队选手来调整 NOIP 的人数。

没有信息的省份只能用全部的数据来计算。

公式中很多参数做了假设。

官方基准线的设定每年官方最后公布，没有公式可循，我们计算了不同的基准线，如表 16.1 所示。

表 16.1　NOIP2021 一等奖预估（不同基准线）

NOIP2021 一等奖小图灵预估（官方测试点，不同基准线 106/120/135）				
省　　份	新获奖名额 (106/120/135)	历年获奖人数 (106/120/135)	总获奖名额 (106/120/135)	获奖分数线 (106/120/135)
重庆 *	33/32/31	14/14/14	47/46/45	216/222/224
浙江	134/125/117	72/70/68	206/195/185	183/189/195
湖南 *	44/42/41	17/17/17	61/59/58	176/180/182
北京	47/43/41	22/20/20	69/63/61	162/172/180
四川 *	58/58/50	19/19/19	77/77/69	162/162/164
河北	38/37/34	4/4/4	42/41/38	158/160/162
广东	104/98/90	39/39/38	143/137/128	156/162/170
湖北	23/21/20	9/9/9	32/30/29	150/152/162
江苏	77/73/65	34/34/33	111/107/98	150/152/159
辽宁 *	15/14/13	4/4/4	19/18/17	147/150/152
福建 *	75/67/62	24/24/24	99/91/86	140/144/148
江西 *	22/20/18	5/5/5	27/25/23	140/142/144
天津 *	8/7/7	2/2/2	10/9/9	128/134/134
安徽	42/42/42	11/11/11	53/53/53	132/132/132
上海	46/43/39	20/20/16	66/63/55	127/130/140
陕西 *	29/25/23	4/4/4	33/29/27	124/132/135
山东	118/107/97	36/35/34	154/142/131	120/124/128

NOIP2021 一等奖小图灵预估（官方测试点，不同基准线 106/120/135）				
省　份	新获奖名额 （106/120/135）	历年获奖人数 （106/120/135）	总获奖名额 （106/120/135）	获奖分数线 （106/120/135）
吉林	14/13/12	6/6/6	20/19/18	111/112/116
河南	24/23/23	1/1/1	25/24/24	108/112/112
山西	16/15/13	4/4/3	20/19/16	110/112/120
广西 *	27/22/19	4/4/4	31/26/23	100/102/108
新疆 *	12/10/10	1/1/1	13/11/11	90/94/94
贵州 *	15/15/11	1/1/1	16/16/12	82/82/90
云南 *	12/12/12	1/1/1	13/13/13	70/70/70

注：打 * 省份统计包括初中生或历年获奖人数根据去年数据预估。

有数据的省份，我们对应名单统计出历届获奖的选手，参加本次 NOIP 但是不占名额，他们不算在 NOIP 实际参赛名额中，但是他们的分数会算到平均分里，在算出获奖率之后，找到新的获奖选手的分数线，再对应分数线算出历届获奖选手的数量，最终算出分数线和获奖名额。如表 16.2 所示，就是以北京为例，我们计算出来的获奖名单。

没有数据的省份，我们计算去年高一和高二的获奖选手×1/3，来假定这次的参与人数，同时也假定他们这次获得一等奖，以此算出结果。人数也是按照代码的数量，所以包含初中生。

部分省份没有名单，不过筛出来了所有的高中生，所以还是把这些省份也发出来，给家长们参考。

分数线的划定是根据基准线和平均分的差值，根据公式算出来获奖比例，四舍五入计算出新获奖名额，之后再去对应这些新名额找到分数线，相同分数的选手奖项一致，因为有同分，所以最终的获奖比例可能会增加。

之前获得过 NOIP 一等奖的选手，会被称为历届选手，如果这次比赛在这些分数线及以上，他们就会成为历届获奖选手，最终获奖人数就是两个数的相加。也就是说，有些历届选手如果这一次没有达到一等奖的分数线，就不会计算到这里面去。

青少年信息学奥赛：一本书通关信奥

表 16.2　NOIP2021 北京市一等奖获奖名单预估

NOIP2021一等奖获奖名单小图灵预估（官方测试点，基准线106）									
省份	序号	准考证号	姓名	性别	总分	学校		年级	高中阶段获历年NOIP 提高组一等奖 或历年集训队用 "＊" 标注
北京	1	BJ-0001	许*强	男	400	中国	中学	高二	＊	国集高一
北京	2	BJ-0011	张*行	男	400	北		高二	＊	国集高一
北京	3	BJ-0217	陈*思	男	344	中国	中学	高三	＊	国集高二
北京	4	BJ-0008	王*霁	男	332	中国	中学	高一		
北京	5	BJ-0004	齐*涵	男	324		中学	高三	＊	国集高二
北京	6	BJ-0033	陈*达	男	324	首都	中学	高一		
北京	7	BJ-0048	陈*华	男	320	北京师	金中学	高二	＊	高一
北京	8	BJ-0002	蒋*衡	男	316			高一		
北京	9	BJ-0218	曹*	男	308	北	中	高三	＊	国集高二
北京	10	BJ-0020	吴*	男	304			高一		
北京	11	BJ-0022	董*棋	男	300	中国	中学	高一		
北京	12	BJ-0037	刘*远	男	300	北	学	高二		
北京	13	BJ-0113	张*豪	男	300			高一		
北京	14	BJ-0026	阚*淳	男	296	北京市	二中学	高一		
北京	15	BJ-0006	秦*阳	男	288	北京师	金中学	高二	＊	高一
北京	16	BJ-0007	向*帆	男	284	中国	中学	高二	＊	高一
北京	17	BJ-0012	刘*江	男	280			高二		
北京	18	BJ-0040	吕*哲	男	280	北		高二	＊	高一
北京	19	BJ-0021	麻*齐	男	276	北		高二	＊	高一
北京	20	BJ-0043	石*潼	男	276	中国	中学	高一		
北京	21	BJ-0024	司*洋	男	272	首都	中学	高二	＊	高一
北京	22	BJ-0039	黄*	男	264	清		高二		
北京	23	BJ-0016	李*宇	男	256	北	中	高二		
北京	24	BJ-0023	卫*淇	男	254	北京师	金中学	高二		
北京	25	BJ-0088	赵*坤	男	252	首都	中学	高二	＊	高一
北京	26	BJ-0017	唐*凌	男	248	中国	中学	高二		
北京	27	BJ-0005	谢*涵	男	242	北		高二		
北京	28	BJ-0014	黄*天	男	240	中国	中学	高二		
北京	29	BJ-0010	郭*航	男	238	北		高二		
北京	30	BJ-0019	杨*天	男	238	中国	中学	高二	＊	高一
北京	31	BJ-0025	徐*鲲	男	236	北		高二	＊	高一
北京	32	BJ-0090	贾*元	男	234	中国	中学	高一		
北京	33	BJ-0027	李*进	男	232	中国	中学	高二		
北京	34	BJ-0015	唐*梁	男	231	清		高二	＊	高一
北京	35	BJ-0013	吴*洋	男	228			高一	＊	国集高一
北京	36	BJ-0031	刘*雁	男	228	中国	中学	高一		
北京	37	BJ-0035	王*泽	男	228	北京师	金中学	高一		
北京	38	BJ-0046	刘*辰	男	228	首都	中学	高二	＊	高一
北京	39	BJ-0041	孟*杰	男	224	中国	中学	高二		
北京	40	BJ-0068	刘*知	男	224	北		高二		
北京	41	BJ-0117	姜*霖	男	224			高一		
北京	42	BJ-0050	周*许	男	222	北		高二		
北京	43	BJ-0053	李*桐	男	220	北		高二		
北京	44	BJ-0120	殷*琦	男	220			高一		
北京	45	BJ-0092	孙*修	男	219	北京师	金中学	高一		
北京	46	BJ-0009	徐*恺	男	216	中国	中学	高二	＊	高一
北京	47	BJ-0059	曾*焱	男	214	中国	中学	高二		
北京	48	BJ-0047	周*尧	男	214	中国	中学	高二		
北京	49	BJ-0116	杨*影	男	212			高一		
北京	50	BJ-0056	王*远	男	210	北京师	金中学	高二		
北京	51	BJ-0034	王*宇	男	206	北京师	金中学	高二		
北京	52	BJ-0084	张*诚	男	200	中国	中学	高一		
北京	53	BJ-0073	刘*新	男	199	北京师	金中学	高二		
北京	54	BJ-0030	张*晨	女	195	北		高二		
北京	55	BJ-0003	文*	男	190			高二	＊	高一
北京	56	BJ-0104	陈*默	男	190	清		高一		
北京	57	BJ-0112	邵*鸣	男	186	首都	中学	高一		
北京	58	BJ-0064	史*合	男	184			高三		
北京	59	BJ-0067	程*墨	男	182	北京师	金中学	高二		
北京	60	BJ-0032	陈*昕	男	180	北		高一		
北京	61	BJ-0036	刘*霖	男	180	北		高一		
北京	62	BJ-0119	穆*恒	男	172			高一		
北京	63	BJ-0156	常*盛	男	172	清		高一		
北京	64	BJ-0055	郭*泽	男	164	中国	中学	高二		
北京	65	BJ-0151	熊*翔	男	164			高二	＊	高一
北京	66	BJ-0038	宫*	男	164	北		高二		
北京	67	BJ-0045	张*文	男	162			高三		
北京	68	BJ-0087	张*坤	女	162	中国	中学	高二		
北京	69	BJ-0095	尹*文东	男	162	北		高一		

很多教练和学校会建议高三的历届获奖选手参加 NOIP，实际上他们之后是不能参加省选的，但是参加 NOIP，虽然他们不算在有效人数里面，但是会把他们的成绩算到省平均分里面，因此会有可能提高省平均分，也就给本省的获奖比例的提升提供了一些贡献。

5. NOIP 初中和小学生排名

NOIP 是高中生的比赛，很多省也会给非高中生参与的机会，虽然每个人能看到自己的最终成绩，但是官方不会公布排名，所以并不清楚自己所在的位置。

统计已知省份初中生的代码成绩，做了非官方的排名。很多选手可以参考自己所在省份和全国的位置，也对其他选手和省份的趋势有所了解。

这个数据官方每年是不公布的。

6. 各省份省队人数预估

这里的省队人数是 A+B 类，是正式参加 NOI，可以获得奖牌和参与集训队竞争的选手。C 类人很少，而 D+E 类是不能参与上面的竞争的。

这里把计算中的公式做一个简单解释。

A 类：5 人，至少 1 名女生，如果没有女生，则名额作废。

B 类比较复杂：总数约为 130 人，为 4 个部分的总和。

B1：约 65 人，根据各省参赛人数加权平均分配到每个省。

B2：根据省平均分与全国平均分的比较，如果在全国平均分上下 5 分范围内，则为 1 人；如果高于全国平均分 5 分以上的，每高 5 分，多 1 人。

B3：根据省一等奖分数线和全国一等奖基准线的比较，如果在全国基准线上下 5 分范围内，则为 1 人；如果高于基准线 5 分以上的，每高 5 分，多 1 人。

B4：优秀赛区奖励名额。

另外，每个省获得的 B 类总名额不超过 NOIP 参赛人数的 4.5%，总数不超过 11 人。

所以省队人数主要看参与人数和平均分，因此很多省份会要求高三的高水平选手参加，因为他们会提高上面的两个数值，同时不占一等奖的新获奖名额。表 16.3 就是信奥估分小程序对 NOI2022 省队名额的预估。

表16.3　N012022 省队名额预估

CCFN012022 部分省队名额小图灵预估
参赛总人数 ≤5261；全国平均分 106；一等奖全国基准线 140

省份	A类	参赛总人数	B类									省队总名额	去年省队人数	对比
			B1	小图灵预估平均分	B2	一等奖分数线	B3	B4	上限人数 4.5%	B1+B2+B3	B类总名额 (+11)			
江苏省	5	399	4.9	119	3.6	150	3		17.955	11.5	11	16	17	去年有奖励
广东省	5	516	6.4	121	4	155	4		23.22	14.4	11	16	16	0
浙江省	5	625	7.7	153	10.4	186	10		28.125	28.1	11	16	16	0
四川省	5	278	3.4	125	4.8	150	3		12.51	11.2	11	16	15	+1
北京市	5	230	2.8	127	5.2	150	3		10.35	11.0	10	15	11	+4
河北省	5	190	2.3	112	2.2	155	4		8.55	8.5	9	14	12	+2
山东省	5	663	8.2	85	0	120	0		29.835	8.2	8	13	14	-1
重庆市	5	146	1.8	159	11.6	210	15		6.57	28.4	7	12	13	-1
福建省	5	380	4.7	105	1	140	1		17.1	6.7	7	12	15	-3
湖北省	5	125	1.5	110	1	148	2		5.625	4.5	5	10	10	0
安徽省	5	235	2.9	94	0	128	0		10.575	2.9	3	8	10	-2
上海市	5	279	3.4	88	0	120	0		12.555	3.4	3	8	9	-1
河南省	5	150	1.9	66	0	106	0		6.75	1.9	2	7	7	0
吉林省	5	93	1.1	72	0	118	0		4.185	1.1	1	6	7	-1
山西省	5	102	1.3	67	0	107	0		4.59	1.3	1	6	7	-1
天津市	5	49	0.6	76	0	128	0		2.205	0.6	1	6	7	-1

第四部分

备 考 支 招

第 17 章　比赛的作用

大咩在小学时没有报很多外面的课外班，为了检验孩子在同龄人中的位置，作者经常带大咩参加机构的杯赛。杯赛一般就是考语文、数学、英语 3 门，大部分机构会在考试结束之后公布题目和答案，孩子也会把自己的答案记录回来，每次都是我帮着他对答案，仔细分析查缺补漏，把孩子的问题找到，及时总结弄清楚犯错的原因，希望将来不要犯相同的错误。

大咩小的时候学围棋，教练经常说的就是"以赛代练"。我也感觉以赛代练的效果真的非常好，因为比赛的时候孩子非常专注和认真，通过每次的记录和总结，能够看到孩子的不断进步和成长。而且孩子特别喜欢比赛，尤其是信息学的比赛，因为信息学有很多线上的比赛，因此参加的次数比较多，并且获得过不错的成绩，这也正向激励他更加喜欢信息学。

大咩在比赛的过程中也慢慢积累了各种经验，以前认为所谓的以赛代练就是有比赛就参加，以量取胜，但实际上"质"比"量"更重要。

很多家长在孩子小时候都遇到过这样的情况，每次孩子比赛出来都会说题目很容易，都做对了，很多考试一结束，家长群里的消息往往是感觉别的孩子考得特别好，好多孩子都能得满分，但是最后的实际情况和想象中差很远。基本上所有的考试都有这样的经历。

其实分析下来，这个现象并不是孩子胡说八道，而是有深层的原因。很多孩子在比赛的时候根本无暇关注各种小细节，往往是掉进了出题人故意设的坑也没发现，考完了会自以为全对了，而家长也会对孩子的说法信以为真，孩子越小这个情况发生得越多。

就比如数学比赛，小到机构组织的比赛，大到最高水平的高联，经常有孩子会说自己被误判了，实际分数和估分差很多，其实分析大部分的情况都是孩子水平不够，自以为做对了。

真正高水平选手的能力也体现在估分特别准，往往考试结束之后就能非常准确得预估出自己最终的分数。考试结束之后，往往水平靠前的选手互相打听一下估分，就能知道大概的排名了。

信奥比数学要求更高，因为不是人工判卷，没有过程分，可以说是容错率为0的比赛，任何一个小细节的疏忽都会导致结果不对。基本上每位信息学选手都遇到过爆零的情况，即使是大神。

其他大部分的比赛只能看到最后的结果，并不知道真正的原因，也不能排除误判的可能。但是信奥不同，最大的优势就是公开透明，官方比赛会公开代码和测试点，比其他竞赛对选手更加友好。赛后可以看到自己的代码和评判过程，分析错误原因。

所以每一次比赛都是很好的提高自己的机会，仔细分析每一次比赛错误的原因。总结自己踩过的坑，下次避免犯相同的错误，每一个大神都是这样一步步从小白成长起来的。

另外，每个人比赛的状态和平时的练习会很不一样，比赛是要求在很短的时间里完成规定的题目，比赛的结果不仅仅是实力的体现，也会受心态、运气、发挥等各方面的影响。

就像体育比赛一样，发挥出自己平时的正常水平对于大部分的人来说都是很难的，这让我想起"倒霉先生"埃蒙斯的故事，三次错失奥运会金牌。所以每一次的比赛，都需要每个人不断总结自己的经验教训。

所以不仅仅要多参加比赛，还需要认真对待每一次比赛。不是只关心最后的成绩，而是要通过比赛的每一个小细节来总结自己将来可以提高的地方，才能真正得做到以赛代练，不断提高自己的综合能力。

第 18 章 CSP 复赛爆零原因总结

CSP 复赛结束，又有不少孩子爆零了，我们在复赛前两天做了避坑的公开课，强调了要注意的事项，还演示了各种爆零的代码，看到还是很多孩子爆零实在是很痛心，爆零意味着今年只能遗憾离场，等候明年再战。

下面记录一下各种爆零的原因，每一条都是选手的亲身经历，希望后来者一定要重视，不要重蹈覆辙。

一定要注意：NOILinux 的环境相对比较严格，代码在 Windows 环境或者线上提交都是没问题的，甚至比赛现场的 Linux 环境都一切正常，但是在 NOILinux 评测后的结果就是编译错误，最典型的就是没有写 cstdio 头文件和变量定义数组。

(1) 没有使用头文件 cstdio。

(2) 没有使用文件输入输出。

(3) 输入输出文件名错误。

(4) 文件输入输出位置写错。

(5) 文件输入输出语句英文括号全部写成了中文括号。

(6) 文件输入输出语句中双引号写成单引号。

(7) 函数名 freopen 写错。

(8) 输入输出文件名读写模式错误。

(9) 选手在 xxxi.n 和 xxx.out 的前面都加上了 .\\，UNIX 环境下评测编译错误。

(10) 调试中文件输入输出注释了，忘记取消注释。

(11) 使用变量定义数组，如 "inta[n];"。

(12) 最后再强调一下，强烈建议文件输入输出重定向用 freopen( )。

第 19 章　CSP 比赛的 14 个坑和赛前冲刺秘籍

CSP 比赛的 14 个坑，其中，1~9 是初学者特别要注意的事项，10~14 是对水平比较高的选手们的建议。

1. 文件输入输出

这部分是参赛选手们出错最多的地方！因为和平时练习不一样。CSP 复赛要求用文件输入输出，一定要确保提交文件中 freopen（）文件读写没有被注释掉，再具体点，就是一定要记住下面两句：

```
freopen ("xxx.in", "r", stdin) ;
freopen ("xxx.out", "w", stdout) ;
```

注: xxx 是每道题的英文名字。

2. 注意"四名"

"四名"即文件夹名、程序文件名、输入文件名、输出文件名。

每道题这部分的英文名称都是一样的，都是小写，一定要多检查几遍！

3. 输出格式和大小写问题

例如，注意题目要求每个输出结果在同一行，还是在不同行。

或者输出 yes、no、right、impossible 等英文提示时，是否要求首字母大写，大小写在 Linux 下面是不一样的。

4. 注意存盘，不要关机

为了防止突发事件，至少 20 分钟存盘一次。千万不要关机，否则程序会丢失。

5. 头文件

最常用头文件，一般写代码时先都把这几个写上去：

```
<iostream>
<cstdio>
<cmath>
<cstring>
<cstdlib>
```

较常用头文件:

```
<algorithm>
<vector>
<queue>
<string>
```

头文件太多时，容易忘写"using namespace std；"，但是用了"usingnames-pacestd；"之后容易产生的问题是：自己的变量名和 std 命名空间的变量名冲突，而且在 Windows 下编译器不报错，在 Linux 下报错。所以自己的变量名不要使用 hash、x0、x1、y0、y1、time、next、pipe 等。如果需要这几个单词，可以用 Time、Next 等第一个字母大写或者加上一些字母，如 mytime、mynext 等，或者定义成局部变量。当然，time、next、pipe 等作为结构体的成员名是没问题的。

6. 变量初始化

变量在使用之前忘了初始化，里面的值是随机的，结果就会出问题，所以使用的时候不要忘记初始化，可以定义成全局变量，系统会自动初始化。

7. 数据类型

注意数据类型，输入输出时占位符和数据类型要一致，如果不一致有时可能结果也没有错误，但是评测时可能就有问题，例如 long long 的数据类型不能用"%d"，而应该用"%lld"。

8. 不要使用 gets 函数

由于 gets 函数会造成安全隐患，在 C++ 中已经被弃用，所以注意不要使用 gets

函数。可以使用 fgets、getchar、scanf、std::cin 或其他读入方式。

9. 数组

有时 C++ 里数组可能会出现莫名其妙的问题，所以一定要记得把数组开大点，并且赋初值。最好是开成全局变量，因为在 main 函数里定义的是局部变量，给你的空间会比较小，二维数组很容易遇到空间不够的问题。

10. STL

STL 主要是依靠各种容器和函数来实现各种功能，但是 STL 有些不是很常用，例如队列和栈，手写很方便，而且快一些,主要就用堆（priority_queue）、字符串（string）和动态数组（vector）。

11. 指针

指针一般竞赛选手用得比较少，因为太容易出错了，一般选手会开个数组用下标 i 做指针，比较方便。

12. 时间空间资源和精度

1000ms 内最大循环次数不要超过 10^8（10^8 有点悬，10^7 绝对不超时）。空间限制在 128MB 时，数组元素类型为 int 时，元素个数最多千万级别（约 3×10^7），要定义在到 main 函数外面的全局变量区（二维数组的两个维度大小要相乘）。

13. 数据范围

有的题目，多个数相加，每个数的最大值就到了 1e9，那么存放和的变量就必须是 longlong。有的题目，边权的最大值都到了 1e9，并且更新最短路径时两个边权相加，结果就是 2e9，那么我们在为数组元素赋值为无穷大时，应该设多少呢？我们的无穷大可以是 1e9+1，或者 0x3f3f3f3f = 十进制 1061109567，0x7f7f7f7f = 十进制 2139062143，int 的范围是 −2147483648~2147483647。所以程序中的无穷大可以定义为 1e9+1 或 0x3f3f3f3f。

14. 图的邻接矩阵和邻接表

建立图的邻接矩阵和邻接表时，注意单向边和双向边、重边、自环等情况。

以上就是参赛时需要注意的"坑"。每一个坑里都写满了血泪史，马上要上赛场的同学们，一定要尽力避开。

第 20 章　考试技巧

20.1　国家队选手邓明扬给大家的建议

给大家的建议如下。

初学先尽量自己调代码，这是需要练的技能。

最开始学知识时，可以通过一些课程和书籍把最基础的知识跟下来，普及、提高、省选都尽量跟一下。如果是在竞赛资源不丰富的地方，还可以利用网络找到资源。

之后就要多练。不仅练输入代码的速度和准确性，也练思考问题的能力。

我有一段时间打了一些线上的比赛，短时间内打起来非常快乐、投入，对我的帮助很大，训练效果很好。在数学、信奥或者是学校期中、期末文化课的时间分配上，要排优先级。时间不在多，效率要高，每天学两小时，多学一些题，多思考，对你的帮助就足够了。竞赛冲刺阶段可能需要停课集中训练。在心态调整上，比赛之前我都会提醒自己要享受这次比赛，因为我打 NOI 的初衷就是因为我觉得它非常有意思。享受比赛时，你也会很快乐，不会紧张焦虑，而且心态轻松时，会打得好一点。筹备比赛时，我一般也不会刷题刷到很晚。一般下午打比赛，前一天晚上 10—11 点就上床睡觉，保持一个健康的作息。在冲刺省选时，建议大家先学完知识，做一些省选模拟赛，把知识都掌握，尽量少挂分。

在考试中如果遇到不会做的题目，不建议一味地死磕，会很吃亏。

考前可以先制定一个策略，想好一道题用的最低时间。

考试时先把所有题的基础部分打满，每道题的最低时间要保证，剩余的时间再用来钻研。平时也要多练习，多写代码。

每道题的最低时间可以参考这个公式：总时间减去 1 小时，平均到每道题上，就是每道题的最低时间。

第一是时间安排。我认为不存在时间不够的情况。初一到初二，我学习数学、信息学，同时兼顾文化课。由于早睡的习惯，均摊到每门竞赛上的时间只有每天 1 小时。但我抓紧这 1 小时的时间，全心投入，同样取得了不错的成绩：信息学进了省队，数学也跟上了同学们的步伐。毕竟，我选择的都是感兴趣的科目；做喜欢的事时的专注与高效，足以弥补时间的不足。

进入省队后，教练会安排同学们停课训练，更没有了后顾之忧。

另外，规划也很重要。初一和初二，我的重点在于学习知识，两门竞赛所花时间基本平均。冲击国赛时，给国赛科目的时间会更多些。这一年我需要全力打数竞，时间分配遂向数学倾斜。明确自己的近期目标、长远目标，并依此安排时间，是很关键的事情。

第二是学习内容与学习方法。中国人民大学附属中学是最好的学校之一，每门竞赛都有完整的培训体系。根据我的经验，只要跟着学校竞赛课好好学，完成作业，认真听讲，就能拥有不错的基础。要是有一些同学们在上课外班，我建议大家选其一参加。因为学校的进度会根据同学的情况调整，假如知识落得太多，可能会有些吃力。

在拥有必需的知识储备后，我的策略是"以赛代练"。平均下来，我大概每周做一套高联或 CMO 模拟题，每两周打一次线上 OI 比赛。这些东西很好地维持了我的状态和比赛感觉，也有效地增进了水平。此外，模拟题让我学会了调整心态、分配时间，也对考试的难度有了较好的认识。线上比赛则让我明确了定位和努力的方向。

第三是考场上的心态。首次信息学国赛，我的心态并不好。看到第一天第一题，直接砸了 3 小时进去。后两道题心态崩了，于是只写了暴力算法。第一题虽拿了满分，但总成绩不尽人意。

事实上，第一题花半小时就能得到近乎满分；就算只剩 2 小时，假如静下心想想，后两题也能找到思路。这是一次惨痛的教训。

心态稳住、合理安排时间真的很重要。自那次考试后，我给自己下了规定：每道题目，至少花 40 分钟冷静思考。这个时间足以做出绝大多数题目；只要拿下这些题，就已经稳了。第二次 NOI，尽管考前睡得很差、过程中有不少粗心失分，但凭借这一策略，很轻松地进了前十。可惜由于政策，作为初中生未能入选国家集训队。

数学也有类似的经历。首次参加 CMO，第一天中规中矩；第二天第六题是主要区分度，我却只看了一眼，把时间大量投入了最难的第五题。所幸运气不错，压线进队。第二次 CMO 则不那么惊险。没有完整做出第四题的情况下，我冷静地解决了第五题。为了保险起见，又花了一小时确认第六题很难做。再混了混过程分，也拿了前十。

这几次考试，我颇有些感触。对于国赛而言，最重要的是稳。只要每道题都有过一定的思考，能把相对简单一些的题做出来。可以基本保证入选国家集训队。

我的体会大概就是这些。竞赛的成功，不仅要靠个人的奋斗，也有赖于中国人民大学附属中学深厚的底蕴和优越的学习氛围。学校为我们提供了最好的环境——我们有最优秀的学长学姐，例如常常回来讲课的赵晟宇学长，以及教了我许多东西的大哥哥大姐姐们；我们有最杰出的同伴，例如一起学习竞赛的狗狗、破坏、黄黄、帅嘉、几何、强霖；我们有最好的竞赛教练，例如给我很大帮助的胡基伟老师、唐晓苗老师、张端阳老师、叶金毅老师；我们也有最坚实的后盾，就是我所在的中国人民大学附属中学。希望大家利用这些条件取得理想的成绩。

20.2 邓明扬IOI2021参赛总结

下面是邓明扬同学在参加完 IOI2021 年之后写的一篇总结，最早发表在 CCF 官网上。可以看到，比赛的时候心态很重要，越是大比赛，越需要提前准备好预案，在不顺利的时候能够调整好心态。水平再高的选手，在比赛中也可能会遇到各种各样的问题，如果心态崩溃，就发挥不了正常水平，所以平时的训练中就要考虑如果出现这种情况，应该如何应对，预估如果在赛场上出现最坏的情况，时间如何分配，心态如何调整。

•• IOI2021 参赛总结 ••

非常荣幸能够代表中国参加 2021 年第 33 届国际信息学奥林匹克竞赛（IOI2021）。受新型冠状病毒影响，IOI2021 仍在线上进行。我和队友们在北京市中关村皇冠假日酒店参加了比赛。荷兰选手 Andy Van Horssen 因受困于中国境内，也来到酒店与我们一同竞赛，为比赛增添了难得的国际气息。

赛前我的选手身份遭遇了一些质疑。所幸韩领队和叶老师向组委会说明了情况，并未太多影响我的心态。

IOI day1 前一晚是我的毕业典礼。我的母校是中国人民大学附属中学恰好位于酒店旁边，于是我得以赶去参加。在夜晚的操场上听着毕业歌，我意识到中学生涯即将走向尾声。IOI 也将是我 OI 旅程的终点。若能夺金自然最好，但无论结果如何，我希望自己能享受比赛。

第一天的竞赛较为坎坷。由于知道题目按名称而非难度排序，我先花 10 分钟阅读了所有题。第一题 candies 像是数据结构，并非我的强项。第二题 keys 乍读之下毫无头绪。第三题 fountains 是我擅长的构造，于是我又读了遍题，猜想连通则有解。此外，70 的部分分看起来很容易（信息学每道题满分是 100 分，一般会分成若干个测试点，通过一个测试点可以获得相应分数，例如 20 个测试点，每个测试点 5 分，如果没有找到正确解法获得满分，选手会尽量多过一些测试点，获得部分分）。高分而简单的子任务、毫无意义的无解判断，一切迹象都在暗示：这是一道送分题。于是我毅然将前一小时投入到 fountains 的构造中。我先尝试了删去最上最左点归纳的技巧，然而总有一些情况不对。我又试了几种贪心算法，一时却无法判断正误。

时间过去一小时有余，我却没有丝毫头绪。我的心态有些慌了。听到队友们敲击代码的声音，我决定再读读前两道题。keys 思考了 5 分钟仍一筹莫展，于是又转攻 candies。扫描线是常见转化，但计算糖果数量我走了许多弯路。我先猜测最后满的时刻是最后一个大于 c 的后缀，思考了 10 分钟发现不对。经过一段时间的推理，我意识到每个后缀的答案是总和减去最大前缀较 c 的余量。为验证这一结论我提交了一些暴力，虽写错一次，但终于获得了 3 分。知道结论没错，我便尝试优化。我交了一发线段树却仅得到 8 分，对拍后发现优化错了。我又回到最初的式子，发现写成前缀和后有一项单调，只需二分判定即可。终于，我在两小时左右通过了第一题。

过题之后再看 keys，我竟很快有了思路。我意识到只需将 tarjan 算法修改一下、记录 dfs 子树的钥匙和边进行启发式合并即可。我花了约 20 分钟写完，但由于状态不佳，启发式合并忘了 insert 钥匙。检查半个多小时后终于发现这个问题并通过了此题。

此时还剩一个多小时，我又转向了开场第一道阅读的 fountains。我发现开始的贪心构造似乎可以归纳证明正确，提交之后却只获得了 15 分。经过对拍，我发现归纳过程需要以 2 为周期；这意味着贪心方法也需在两种间交替。我稍加调试通过了此题。此时考试还剩约 50 分钟。看到身边的代老师还在提交，我默默地在注释中为他祈祷。我又想到了在 OI 中帮助过我的人们，将他们的名字一个个写到注释里表达感谢。没过多久，比赛就结束了。

出场后发现中国队只有我一人 AK。鱼大（虞皓翔）和钱哥（钱易）前期都遭遇了不顺，最后时间不太够用。代老师快如闪电地通过了前两题，但 fountains 一题写了乱搞未能通过（就是不知道正确解法，但是用其他方法尝试）。查看榜单发现金牌线约为 200 分，中国选手均在前列。

两天之间我们参加了 codecombat，一个写 AI 对战的比赛。由于网络问题，鱼大和钱哥用我的计算机查看了题目。我尝试了一些做法，却总调不出来，最终获得了倒数第三。结果虽不理想，却算为正赛攒人品了。

day2 前我 VP（模拟参加）了一下 IOI2019 的 day2，比较轻松地通过了后两道题，第一题也获得了 99 分。感觉竞技状态和代码水平比 day1 前有所提升。

day2 我仍然先读了一遍题。dna 一题较为简单，意识到结论后我于 14 分钟通过了此题。想了 dungeons 十余分钟仍无头绪，我决定先做 registers。我比较快地意识到了可以通过 $a+(-b)$ 判断两数的大小，而后加上 111111 得到 mask，再将奇偶位置分开即可并行得到两两的 min。代码实现看似复杂，但 print 语句调试非常好用。1.5 小时左右我得到了第一部分的分数。我冷静了一下，发现只需稍加修改就能解决第二部分，于是在两小时左右通过了此题，还剩三小时专攻 dungeons。我先写了 11 分暴力用于对拍，而后在思考部分分时，我意识到原题可以将边权按等比数列分类。于是我以 10 为底交了一次获得了 89 分，将常数除 2 之后通过了此题。

比赛还余下两小时多，我再次在注释中感谢了帮助过我的同学们。

最终中国队包揽了前 4，我以较大优势获得个人第一名，可以说是意外之喜。赛后我们 4 个选手一起吃烧烤庆祝这次的好成绩。

我这次 IOI 的好成绩得益于良好的心态和稳健的考试策略。IOI 需要冷静，即使前期不顺利也不应慌张，而要稳扎稳打地做完后续题目。当水平足够高时，一道题的失利并不足以让你掉出金牌线，但若因此心态爆炸则可能直接崩盘。建议未来的选手能平常心参赛，以享受考试为目标，而不要执着于拿前几名或夺冠。这样即使做题不顺，仍有享受比赛、达成目标的机会，而不至于情绪崩溃。至于策略，我制定的方案是在每道题上至少认真思考半小时、至少认真工作一小时：就算某道题目不顺，其他题的时间也要花满。这样，即使有一题发挥失常，其他题仍能得到应有的分数；而夺金往往有一题的容错。未来的国家队训练或可多引入一些易猜错结论题 / 中等题很多的场次，帮助选手打磨策略以及做好应考的心理准备。

感谢父母和朋友同学们一直以来对我的信任和鼓励，也感谢老师们在赛前为我做的心理辅导工作。领队韩老师，教练叶老师、谷老师，我的 3 位队友在这次比赛中也给了我很大的帮助。我的发挥和他们是分不开的。

祝我的大学生活顺利，为以后的选手们加油。